姜革文 著

国礼鸡血玉

GUOLI JIXUEYU

GUANGXI NORMAL UNIVERSITY PRESS
广西师范大学出版社
·桂林·

图书在版编目（CIP）数据

国礼鸡血玉 / 姜革文著. -- 2 版. -- 桂林 : 广西
师范大学出版社，2021.10

　　ISBN 978-7-5598-4271-8

　　Ⅰ. ①国… Ⅱ. ①姜… Ⅲ. ①鸡血石－鉴赏－
桂林 Ⅳ. ①TS933.21

　　中国版本图书馆 CIP 数据核字（2021）第 183357 号

广西师范大学出版社出版发行

（广西桂林市五里店路 9 号　邮政编码：541004）

（网址：http://www.bbtpress.com）

出版人：黄轩庄

全国新华书店经销

广西广大印务有限责任公司印刷

（桂林市临桂区秧塘工业园西城大道北侧广西师范大学出版社

集团有限公司创意产业园内　邮政编码：541199）

开本：889 mm ×1 194 mm　1/16

印张：23　　字数：160 千

2021 年 10 月第 2 版　　　2021 年 10 月第 1 次印刷

定价：298.00 元

如发现印装质量问题，影响阅读，请与出版社发行部门联系调换。

目 录

第一章

国之礼 典雅庄严

2012年9月21日，第九届中国—东盟博览会在广西南宁隆重开幕。中国—东盟博览会是中国倡议、由中国和东盟十国共同举办的国家级、国际性盛会，是目前中国境内唯一由多国政府共办且长期在一地举办的展会。习近平先生与缅甸总统吴登盛等十一个国家的领导人，共同出席了此次盛会。

广西状元红艺术馆选送的桂林鸡血玉成为本次盛会的国礼。

鸡血玉成为国礼，有十足的底气。

从历史的角度来看，玉是隆重庄严的礼器之材。中国是世界上用玉最早、绵延时间最长的国家，玉石被称为"国石"。玉乃国之瑰宝，玉承载着中华民族的文化精魂。"礼"，繁体字"禮"，从"示"从"豐"。王国维《释礼》一文，认为"豐"乃二玉相连。《周礼》将玉礼器列于礼器之首，"以玉作六瑞，以等邦国"，"以玉作六器，以礼天地四方"。

从文化的角度来看，鸡血玉乃典雅高贵之礼。玉石之中，"红黄为贵，蓝绿为绝，五彩为奇"。这种审美标准有着深厚的历史渊源。范文澜先生在《中国通史简编》第一册中提道："周朝崇尚赤色，大祭祀用骍牛(赤色牛)。晋大夫羊舌赤字伯华，孔子弟子公西华名赤，是'华'含有'赤'义。凡遵守周礼尚赤的人和族，称为华人或华族，通称为诸华。"早在《史记》中，就有"中国名曰赤县神州"的说法，直至今日，仍然将百姓称赤子，海外华人称海外赤子。"不偏之谓中，不易之谓庸。中者，天下之正道，庸者，天下之定理。"子曰："中庸其至矣乎。"在笔者看来，中华民族，就是崇尚中庸、崇尚红色的民族。红色被称为"国色"，有着其他颜色没有的名字："中国红。"鸡血玉主色为红色，红色意味着吉祥、喜气、热烈，作为国礼之器，"以等邦国"，自然与中国—东盟博览会的主题高度契合。

从鸡血玉本身来看，鸡血玉蕴神秘亲切之礼义。数千年来，国人一直致力寻求红色玉种，但一无所获。2006年，桂林龙胜发现了鸡血玉！这是中华玉石史上可喜可贺的大喜事。最先发现鸡血玉的地点，是龙胜各族自治县三门镇的鸡爪山；鸡爪山后，有巨大的鸡公岩，而中国的版图，如今正是雄鸡的形状。红色是"国色"，中国是"龙的国度"，中国人被称为"龙的传人"。凸显红色的鸡血玉就出现于桂林"龙胜"。

还值得一提的是："土特产"因为产自本地，令人倍感亲切，也往往是嘉宾的最爱。意大利领导人爱送米开朗琪罗的银件复制品，非洲国家的领导人爱送雕刻工艺品。鸡血玉产于广西桂林龙胜，自然是中国的"土特产"。更进一步，玉，是中国人心灵的故乡，是中华民族美德的图腾。走进中国的玉文化，就走进了中国文学的风景、历史的长廊、伦理的高山、哲学的宫殿。中国人与玉的因缘，在世界民族之中，最为缠绵。从这个意义上说，国礼送鸡血玉，送的是"文化土特产"。

鸡血玉成为国礼，有着明显的价值取向。

广西状元红艺术馆选送的黑地红随形珍品，是从数百吨鸡血玉矿石中切割出来的精华，黑如点漆，艳如鸡冠。墨玉地上带状、片状、块状的鸡血，如鲜花盛开，如彩带飞舞，如祥云升腾。

选送鸡血玉作为国礼，表达了"和而不同"的理念。每一块随形珍品，鸡血的分布、形态和血量的变化，无一相同，但摆在一起，却有一种音乐般的节奏，反映出中国传统文化中"和而不同"的重要思想，与国际关系准则中推崇的"求同存异"一脉相承。

选送鸡血玉作为国礼，表达了美好的祝愿。本次选送的随形珍品，宽11厘米，代表着11个国家；高17厘米，代表着"一起来""要起来"；厚3厘米，代表着"三生万物"。黑与红，还代表着阴与阳。宇宙万物是阴阳的对立统一。阴阳交感，万物衍生，生命以此蓬勃，社会以此兴旺。由于红色是太阳的色彩，是强有力的色彩，在黑色的衬托下可以体现力量的无限扩展。黑地红，同时意味着力量与希望。这与展会提倡的合作与共赢极其吻合。

选送鸡血玉作为国礼，表达了对未来的美好期盼。鸡血玉吉祥喜庆、神秘、典雅、庄严，更加重要的是，中国人崇尚玉德，以"玉"相交，是对自身的鼓励，也是对友邦的期盼，表明了中国期盼与东盟各国都尊重对方利益，谋求发展长远关系，共同为世界的和平、稳定与发展贡献力量的愿望。

鸡血玉成为国礼，有着重要的历史意义。

如果要选出两种世界上最有代表性的文化，在笔者看来就是金文化和玉文化。金文化传播的时间和路线有迹可循，比如，从图坦卡蒙的金面具、阿伽门农的金面具，到三星堆的金面具；金文化已经得到世界的公认。而玉文化的传播并不顺利。1793年9月14日，乾隆给来访的英国使臣马戛尔尼赠送了顶级的和田玉如意。马戛尔尼肯定是当时世界上最有见识的人之一，他在《马戛尔尼回忆录》中用日记如此记载："（玉如意）像玛瑙的石头，长约一尺半，有奇怪的雕刻，中国人视为珍宝，但物件本身看来并无多大价值。"人们常常由于文化不通而产生沟通的天堑。2008年北京奥运会首次采用金镶玉的奖牌，有力地推广了玉文化。但是，文化的传播需要长期持续的努力。本次鸡血玉成为国礼，就是玉文化传播中的重要节点。

万国衣冠赤玉见，九天阊阖会展开。鸡血玉成为国礼，见证了国际交往的和谐与发展，也获得了国际交往的通行证。同时，其必将为传统的玉文化再添活力与魅力，必将成为欣赏、收藏的新贵，必将为提升大众的生活质量、审美水平与生命质量推波助澜。

我们有机会让上万年的玉文化更上层楼，这是我们的幸运。

"戏马台南追两谢，驰射，风流犹拍古人肩。"

鸡血玉，中国红，"中国梦"的吉祥征兆。

▶ 2012年9月21日，第九届中国—东盟博览会隆重开幕。图为开幕式盛况。

▲ 2012年9月3日，广西壮族自治区人民政府副主席蓝天立给广西状元红艺术馆董事长姜革文授牌。牌上写着：2012中国—东盟博览会国家政要及贵宾指定礼品　广西状元红艺术馆"鸡血玉"。

　　▲ 2012年9月16日，中国—东盟博览会秘书处郑军健秘书长（右）和广西师范大学党委王枬书记（左）交接博览会国家政要及贵宾指定礼品。

国礼包装盒

　　包装盒由金丝楠木制成。外盒有中国—东盟博览会的名称、徽标，有四个篆字"吉祥如意"；内盒有中国—东盟博览会秘书处秘书长、广西书法家协会主席郑军健先生用行书书写的"合作发展"。

横放的国礼包装盒

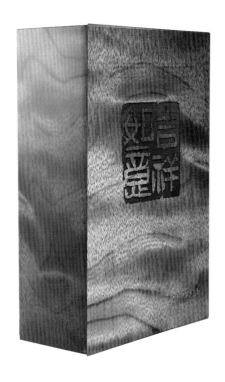

竖立的国礼包装盒

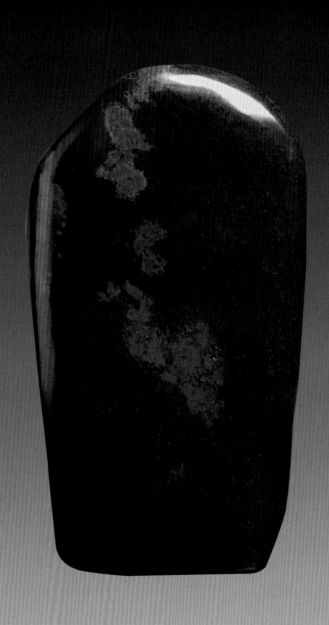

· 规格 | 17cm×11cm×3cm

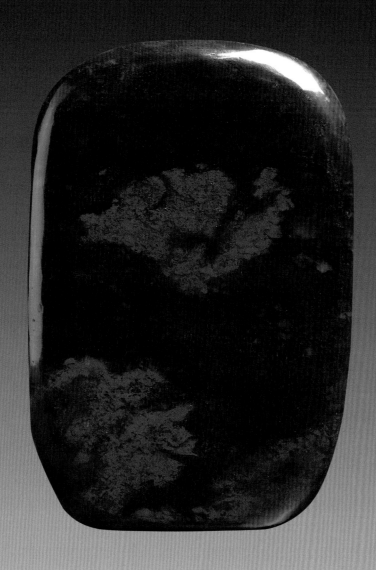

· 规格 ｜ 17cm×11cm×3cm

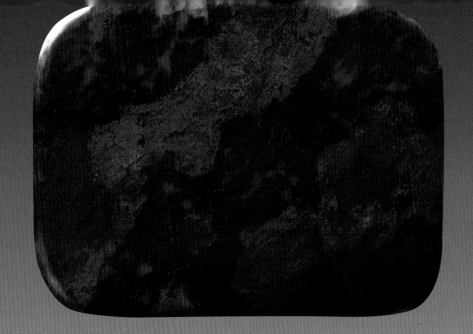

· 规格 | 11cm×17cm×3cm

· 规格 ｜ 11cm×17cm×3cm

· 规格 ｜ 17cm × 11cm × 3cm

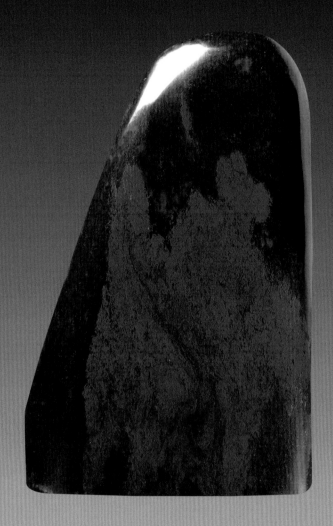

· 规格 | 17cm × 11cm × 3cm

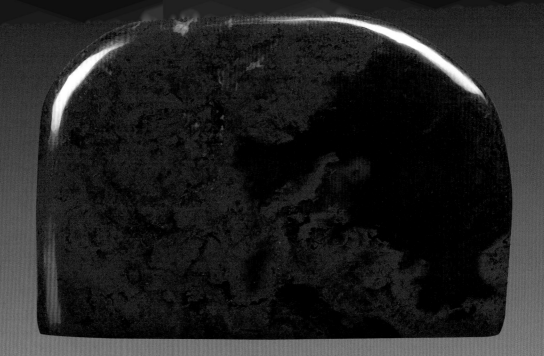

· 规格 ｜ 11cm × 17cm × 3cm

· 规格 ｜ 11cm×17cm×3cm

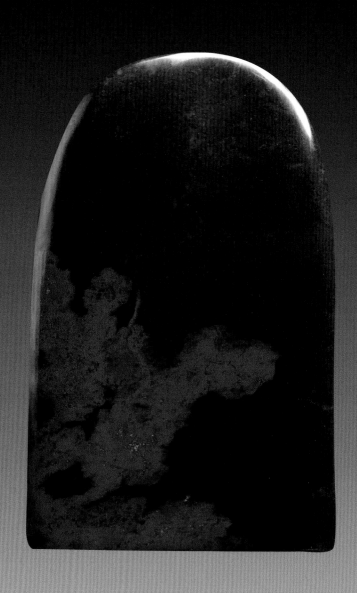

· 规格 | 17cm × 11cm × 3cm

・规格 ┃ 17cm × 11cm × 3cm

　　鸡血玉成为第九届中国—东盟博览会国礼，报道中也称呼为"国家政要及贵宾指定纪念品"。这里选取的媒体，一是中央级的以外宣为主的纸质媒体《中国日报》，二是广西以外的面向全国的网络媒体南方都市网，三是广西区内的电视媒体广西电视台。不同角度选取三家，力争形成立体的观感。

1.《中国日报》　　2012年9月17日

桂林鸡血玉成为第九届博览会指定纪念品

黄　燕

　　9月16日，第九届中国—东盟博览会指定纪念品交接仪式在南宁举行。鸡血玉成为该届博览会指定纪念品。

　　据了解，广西师范大学是本届博览会纪念品供应商。承担纪念品制作的广西状元红艺术馆，是广西师范大学出版社出资设立的一家公司。广西师范大学是广西重点大学，曾获得"国家级语言文字规范化示范校"等荣誉；广西师范大学出版社是学校的一张名片，综合排位居全国大学出版社的前10名。

2.南方都市网　　2012年9月16日

桂林鸡血玉成为博览会国家政要及贵宾指定纪念品

庞春妮

南方都市网消息：9月16日上午，第九届中国—东盟博览会国家政要及贵宾指定纪念品"桂林鸡血玉"交接仪式在南宁举行。中国—东盟博览会秘书处秘书长郑军健、中国—东盟博览会秘书处副秘书长王雷、广西师范大学党委书记王枬、广西师范大学副校长蔡昌卓、广西状元红艺术馆有限公司董事长姜革文出席交接仪式。

据了解，广西师范大学为本届博览会精心挑选和制作的桂林鸡血玉随形珍品可谓是天然和人工的完美结合，主色是中国红，红玉为喜玉，象征着吉祥喜庆、前景辉煌，恰好契合博览会作为中国与东盟各国人民盛大喜事之意。此次将"桂林鸡血玉"作为纪念品赠送给各国政要及贵宾，寓意博览会的辉煌前景，也体现出承办地广西的地方特色。

在第九届博览会召开之际，桂林鸡血玉成为博览会国家政要及贵宾纪念品，广西师范大学成为博览会国家政要及贵宾指定纪念品供应商，为博览会的高档纪念品注入了新的血液。

3.广西电视台·新闻频道　　2012年9月18日播发

【盛会前奏】"桂林鸡血玉"荣膺本届博览会指定纪念品

今天上午，本届博览会国家政要及贵宾的指定纪念品也闪亮登场了，它是一种珍贵的玉石，而且就来自咱们广西，叫"桂林鸡血玉"。下面就一起去开开眼吧！

上午11点15分，指定纪念品的提供方把一块桂林鸡血玉移交给了中国—东盟博览会秘书处。本届博览会期间，桂林鸡血玉将会作为指定纪念品，赠送给与会的国家政要以及贵宾。在线记者了解到，为了体现对博览会以及东盟各国的祝愿，这块桂林鸡血玉在设计和雕琢上也是费了一番心思。

广西状元红艺术馆有限公司董事长姜革文：我们在设计这个纪念品的时候呢，它的高度是17厘米，（象征）大家都起来；它的宽是11厘米，（象征）是我们11个国家，大家都起来。它地子很纯净。所以呢，我想，这是一块我们叫切割打磨的随形的珍品。

在中国的传统文化当中，玉有"国石"的美誉，而且还是典雅庄重、和顺高尚的代名词，而红色则代表着喜悦和喜庆。因此桂林鸡血玉作为中国极罕见的红色玉种，更加显得意义深远。以桂林鸡血玉作为指定纪念品，既体现了中国对东盟各国的友谊，也表达了广西作为主办地的美好祝愿。

第二章

道之源 桂林鸡血玉的定位

引子："通灵宝玉"是什么颜色？

（一）

《红楼梦》是中国古典文学的顶峰。

红学家周汝昌先生认为，《红楼梦》有三纲：玉、红、情。"玉"为"《红楼》文化之第一纲"。玉，围绕着"通灵宝玉"而生发。20世纪80年代播出的电视剧《红楼梦》中，宝玉戴的是一块绿色的翡翠。"通灵宝玉"到底是什么颜色？

第二回写冷子兴对贾雨村说：

"夫人王氏……后来又生了一位公子，说来更奇，一落胎胞，嘴里便衔下一块五彩晶莹的玉来，上面还有许多字迹，就取名叫作宝玉，你道是新奇异事不是？"

"通灵宝玉"首次登场，乃是"五彩"，难道是多彩玉吗？

第八回有了进一步的描写：

宝钗托于掌上，只见大如雀卵，灿若明霞，莹润如酥，五色花纹缠护。

又一次提到"五色花纹"。但这次多了写色彩的"灿若明霞"，霞光一般为红色，金色的霞光也常见。那么，"通灵宝玉"到底是何颜色？

第三十五回，曹雪芹写了薛宝钗提议给"通灵宝玉"配一个络子的细节：

宝钗笑道："这有什么趣儿，倒不如打个络子把玉络上呢。"一句话提醒了宝玉，便拍手笑道："倒是姐姐说得是，我就忘了。只是配个什么颜色才好？"宝钗道："若用杂色断然使不得，大红又犯了色，黄的又不起眼，黑的又过暗。等我想个法儿：把那金线拿来，配着黑珠儿线，一根一根的拈上，打成络子，这才好看。"

宝钗拟给"通灵宝玉"配络子，提到"大红又犯了色"。"犯了色"乃是色相冲之意，指相同的颜色不宜放在一起，好比看见穿同样衣服的人——"撞了衫"。以此推断："通灵宝玉"就是大红色，因为络子不能是大红色。

后来，《红楼梦》不但写到了"通灵宝玉"的红色，而且是神奇的红色。第八十五回，宝玉的"通灵宝玉"不见了，北静王送了一块类似的来。在贾宝玉看来，两块玉在颜色的色度上差异很大，何以见得？

> 宝玉在项上摘了下来，说："这不是我那一块玉，哪里就掉了呢。比起来，两块玉差远着呢，哪里混得过。我正要告诉老太太，前儿晚上我睡的时候把玉摘下来挂在帐子里，它竟放起光来了，满帐子都是红的。"

由此可见，真的"通灵宝玉"不但是红色的，而且，照映得"满帐子都是红的"，足见其光艳明亮，喜庆吉祥。

"通灵宝玉"是一块红玉！

《红楼梦》还提到一块极其贵重的宝玉，乃是高门大族贾家的"活祖宗"贾母的至宝。贾母甚至没舍得给自己的亲儿子贾政看过一眼，这是一块什么样的宝贝？

> 贾母道："你那里知道？这块玉还是祖爷爷给我们老太爷，老太爷疼我，临出嫁的时候叫了我去，亲手递给我的。还说：'这玉是汉朝所佩的东西，很贵重，你拿着就像见了我的一样。'……贾母便把那块汉玉递给宝玉。宝玉接过来一瞧，那玉有三寸方圆，形似甜瓜，色有红晕，甚是精致。宝玉口口称赞。贾母道："你爱么？这是我祖爷爷给我的，我传了你罢。"(第一百零九回)

贾母详述汉玉来历，更令读者感受到此玉非凡的贵重。这块传家宝玉与"通灵宝玉"相同之处在于：二者都是红色的玉！特别有意思的是，贾母送的玉，"形似甜瓜"，绵绵瓜瓞，意味着家族的繁衍。贾宝玉后来是薛宝钗的夫君。宝钗看玉，"通灵宝玉"，"大如雀卵"。别有意趣。

小说中林黛玉毫无疑问是除了贾宝玉之外的二号人物。第一回点出了她的前世："只因西方灵河岸上三生石畔，有绛珠草一株。""绛珠"二字，"绛"言颜色，"珠"言水润。脂砚斋在"绛"字旁点评："点'红'字。"在"绛珠"之"珠"字旁点评："细思'绛珠'二字，岂非血泪乎。"绛珠草"受天地精华""雨露滋养""脱却草胎木质，得换人形""修成个女体"，来到人间，"黛玉"谐音"带玉"，曹雪芹判词中直接写道："玉带林中挂。""捧心西子玉为魂"的黛玉，是什么玉？黛者，黑色也。第三回宝玉曾说"西方有石名黛，可代画眉之墨"。学者徐景洲认为："黛玉者，天然的一块未经雕琢的墨玉也。"①

姻缘前定，宝黛一体，以玉言之，二者之配，岂非黑地红之美玉乎？

黑地红，多么熟悉、多么亲切。曹雪芹乃百科全书式的巨匠，他"十年辛苦不寻常"琢磨出的"天作之合"，令我额手致敬。

（二）

有人做过统计，《红楼梦》中总计出现"玉"字5700多个，涉及很多玉，而最珍贵的两块都是红玉，一块是红色的"通灵宝玉"，一块是贾母的传家之汉代古玉！

最重要的两个人，都与红玉相连相生。贾宝玉不但口衔红玉而生，且前身为神瑛侍者，住"赤瑕宫"。"赤瑕"者，红玉也！未入大观园之前，住"绛芸轩"；在大观园中，住"怡红院"。甚至，在日常生活中，贾宝玉有"爱红的毛病儿"：喜欢吃姑娘们嘴上的胭脂。另外一个主角林黛玉，前文已经述及与红色有诸多关联，并且，她是为了"通灵宝玉"的主人——贾宝玉而存在于人间的。

作品中两块最重要的红玉，两个与红玉息息相关的人，都在告诉我们：红玉有灵，红玉通灵。

其实，红色宝玉通灵，早有渊源。

红色宝玉通灵，不是曹雪芹的原创。唐代著名的《灵飞经》，有这样的内容：

> 平坐，思南方南极玉真赤帝君，讳丹容，字洞玄，衣服如法，乘赤云飞舆，从绛宫玉女十二人，下降斋室之内，手执通灵赤精玉符，授与兆身，兆便服符一枚，微祝曰："赤帝玉真，厥讳丹容，丹锦绯罗，法服洋洋，出清入玄，晏景常阳，回降我庐，授我丹章，通灵致真，变化万方，玉女翼真，五帝齐双，驾乘朱凤，游戏太空，永保五灵，日月齐光。"

《灵飞经》按照方位，东南西北中分别提到了通灵青精玉符、通灵赤精玉符、通灵白精玉符、通灵黑精玉符、通灵黄精玉符。按照五方配五色的原则，并未特别突出"通灵赤精玉符"。为什么曹雪芹的《红楼梦》，突出红色的"通灵宝玉"？

红色的"通灵宝玉"，别有深意。

"通灵宝玉"，"灿若明霞，莹润如酥"，可谓美也；"通灵宝玉"可以"祛邪祟""疗冤疫""知祸福"，可谓灵也；"通灵宝玉"乃青埂峰下女娲补天之遗石，可谓神也。

除了"美""灵""神"之外，"通灵宝玉"代表的是贾宝玉与林黛玉两"玉"之间"厚地高天"之"情"。这份真情，乃源自宝玉之真心。心脏的颜色，就是"通灵宝玉"的颜色。《红楼梦》里的"通灵宝玉"实则代表了宝玉的一颗心。

贾宝玉遗失了"通灵宝玉"就失魂落魄，神志不清：

> 王夫人因说道："……认真地查出来才好，不然是断了宝玉的命根子了。"（第九十四回）

> 袭人听说，即忙拉住宝玉，道："这断使不得的。那玉就是你的命。"（第一百一十七回）

大观园中人，都知道"通灵宝玉"必与贾宝玉"不弃不离"。没有"通灵宝玉"的时候，贾宝玉就糊涂痴傻。贾宝玉与"通灵宝玉"，实则人玉一体。衔玉而生，玉失则心迷。衔玉而生的贾宝玉，纯真厚朴，不求功名，有着一颗清润的"通灵宝玉"般的心！

以物写心，看似匪夷所思，实则也是在他人创作基础上的变化和发展。果律禅师在分析《西游记》的时候，指出：孙悟空其实代表着唐僧的心，每当遇难，则呼"悟空"之名。内心悟空，则排除万难，正如佛教"万经之王"《心经》所述："照见五蕴皆空，度一切苦厄！"

《西游记》以人写心，《红楼梦》以玉写心。

"通灵宝玉"的颜色是心脏的颜色，是林黛玉"绛珠"之色，是"血泪之衷"。曹雪芹住在"悼红轩"，"于悼红轩中，披阅十载，增删五次"，以血泪写情爱，让情爱升华为人的灵魂，升华为时代的脉搏，升华为人类共通之天梯。

《红楼梦》，亦名《石头记》《金陵十二钗》《风月宝鉴》《情僧录》《金玉缘》，等等，终以《红楼梦》叫得最响，流传最广，受众最多。

自然定位：红色至尊

（一）红玉玉种，首现人间

桂林鸡血玉产于桂林市龙胜各族自治县三门镇，是海底火山沉积变质产物，形成年代距今8亿年—12亿年。品种丰富，以鸡血红为主色调，故称"桂林鸡血玉"。

据中国宝玉石检测中心鉴定，桂林鸡血玉为隐晶质结构及显微晶质结构，综合矿物成分以红碧玉石英为主，并含部分高价铁和低价铁。相对密度2.7克/立方厘米—2.95克/立方厘米，摩氏硬度为6.5—7。玉质温润而细腻，抛光性能良好，抛光后呈现玻璃光泽，具有很好的雕琢加工特性。

汉代以前的文献，多次提及"赤玉"。东汉以前的赤玉，乃是玛瑙。"玛瑙，石之次玉者也。"红色的玛瑙历史上不少，红色的玉种则没有。并且，无论从历史来看，还是从当下来看，红玉都难觅踪影。[②]此点后文还会提及。

（二）红色至尊

色美，是宝玉石的基础条件之一。钻石评价有4C标准：颜色（Colour）、净度（Clarity）、切工（Cut）、克拉重量（Carat）。颜色很差的钻石只能用于工业。色美的程度还决定宝玉石的档次。羊脂玉和碧玉属同类软玉，一白一碧，价差极大。

鸡血玉以红色为主色。红色是中国的国色，有着其他颜色没有的名字——"中国红"，在颜色上享有至尊之位。玉石界素来有"红黄为贵"之说，红色排在首位。

有一些玉石，比如巴林、昌化的鸡血石，不用论述，我们也明白其红色的地位与价值。这里，我们主要论述那些不是从字眼能够看出颜色价值的宝玉石，来说明"红色至尊"的观点。

1.和田玉

玉料乃天然矿物，未加工时玉质外多有一层石质包裹物，俗称"玉皮"。和田籽玉有玉皮，并形成了以皮命名的品种如秋梨皮子、虎皮子、枣皮红、洒金黄、黑皮子等。"籽玉见红，价值连城"是描述和田籽玉的一句俗语。玉皮是红色的，已经价值连城了。如果玉质也是红色，那价值该如何形容？

和田玉产地的出版社——新疆人民出版社组织了一批专家于2010年推出系列和田玉的图书，其中《中国新疆和田玉·红玉》前言中写道：

> 收藏投资流行的一句行语：一红二黄三墨四羊脂。也就是投资和田玉，一为和田红玉，二为和田

黄玉，三为和田墨玉，四为和田羊脂玉。因为上述四种和田玉目前都处于市场供不应求的局面。[③]

"一红二黄三墨四羊脂"这几个字还显眼地放在封底，以体现其"公理性质"。和田红玉，世所罕见。非玉石界人士多以为羊脂玉即是和田玉极品，殊不知，和田红玉，高在羊脂玉之上几个等级！

2.翡翠

翡翠、翡翠，"翡"字居前，义指红色！

翡翠强调颜色上要浓、阳、匀、正。浓，是颜色的浓度；匀，是颜色的分布；正，指没有杂色。浓、阳、匀、正，就颜色的明亮程度而言，越"阳"越好！什么样的颜色是最"阳"的？当然是正红色！只有在没有正红色的情况下，才以翠绿者为最佳。

3.田黄

田黄，产于寿山田坑中的石材，全世界只有福建寿山的一块不到一平方千米的田中出产。田黄在明清两朝均作为贡品进入皇宫，被雕刻成玺印及摆件，因此号称"石帝"。田黄按色分红田、黄田、白田、灰田和黑田。

红田，如红色橘皮，鲜艳生动，黄中泛红。红田的萝卜纹细致入化，瑰丽透明，人们常用"材积多不盈两"来形容红田占田石产量比例最小，极为稀罕，乃田石中无可匹敌的极品！

4.黄龙玉

地质专家、中国地质学会宝玉石专业委员会委员刘道荣先生对黄龙玉的前四个等级进行了详细的划分。他将黄龙玉分为"珍品""特级品""一级品""二级品"，"珍品"乃是质量最好的黄龙玉。什么是"珍品"？"珍品"与"特级品"有什么区别？笔者将其具体标准摘录如下：

> 珍品 石质细腻通透，结晶颗粒微小，为隐晶质结构，半透明-透明，油脂光泽，杂质少、块度大，可制作手镯、挂件、手玩件、摆件等品种。裂纹少，色泽为白、黄中呈现团块红或丝状红，并且颜色纯正鲜艳。

> 特级品 石质细腻，结晶颗粒小，为细粒结构，半透明，蜡状-油脂光泽，杂质少、质地温润光滑，颜色呈蜜蜡黄，纯而滋润，块度较大，可制作手镯、挂件、手玩件、摆件等任一品种。

按照刘道荣先生的分析，最好的黄龙玉少不了红色！或者说，红色是主色之一！黄龙玉难道不是以纯正的黄色最珍贵吗？笔者对此倍感惊奇，就此问题专门请教玉石大家唐正安先生，先生说："黄中带红的黄龙玉最贵重，现实如此。"

5.琥珀

刘道荣先生在"琥珀的类型"中，依次提到了"血珀""金珀""蜜珀""金绞珀""香珀""虫珀""石珀""蓝珀""绿珀"。

"血珀"排第一，并且是这样描述的：

> 血珀，又称红琥珀或红珀，深红色透明，色像血一样是上品。[④]

因色彩而为"上品"，后面再没有别的色彩获此殊荣。

6.兔毛水晶

人民邮电出版社出版的《中国玉石玉雕收藏鉴赏》一书这样写道：

"兔毛水晶"又称"维纳斯水晶"，分白兔毛水晶、红兔毛水晶和黄兔毛水晶三种……红兔毛水晶是水晶中最昂贵的品种。⑤

"昂贵"是一个形容词，"最昂贵的品种"则是一个定宾结构，一个非常难下的断语，一个毋庸置疑的判断。

7.碧玺

碧玺有玫瑰红色、粉红色、海蓝色、黄色、绿色等多种颜色。故宫的珍宝馆有红色的碧玺。并且，在解说词上有这样一句话："（碧玺）其中以像桃花盛开之粉红色且透明者最为珍贵。"山西大学2007届博士孔富安先生在《中国古代制玉技术研究》第二章《古代制玉技术构成的材料要素》中也提道："碧玺属贵重宝石，又以桃红碧玺最贵重，可制作各种高档首饰，其他颜色的碧玺可制作一般首饰。"

"最为珍贵""最贵重"，都是用无法比拟的庄重告诉世人桃红碧玺的价值定位。

8.玛瑙

在佛教传入中国之前，玛瑙被称为"赤玉""琼"。玛瑙的颜色很多，但是，红玛瑙是不容置辩的霸主。俗语云："玛瑙无红一世穷。"

9.雄黄

雄黄、雌黄是两种矿石。雄黄，红色的；雌黄，黄色的。到任何玉石市场都可以了解到：矿石品质相同的情况下，红色雄黄市场价格高出很多。

10.石砚

砚台是古人的日常用品，"红丝砚"因为红色，备受人们的喜爱。唐代的柳公权在他的《论砚》中说："蓄砚以青州为第一，绛州次之。"宋人苏易简《文房四谱》云："天下之砚四十余品，青州红丝石第一，端州斧柯山石第二。"《汉语大词典》是这样解释"红丝石"的：

我国山东省青州市所产的砚石。石质赤黄，有红纹如丝，萦绕石面，故名。

宋人姚宽所著的《西溪丛语》说："欧公《研谱》以青州红丝石为第一。"

现当代人对红丝砚依然有着高度的迷恋。启功先生曾为青州红丝砚题名。中国社科院的叶涛先生告诉笔者，启功先生生前最爱红丝砚。如果你雅玩砚石，一定无法绕过唐宋玩家称为"第一"的东西。

11.鹤顶红

古玩杂项中，有材质为珍禽异兽之骨骸者。排序下来，有"一红二黑三白"之说。"白"即象牙，"黑"即犀角。超越象牙、犀角而独占鳌头的"红"，乃是取自盔犀鸟头胄部分的鹤顶红。郑和下西洋之后，东南亚各国屡屡以之入贡。宣德以后，贡此者日稀。这一史实，《明会典》多次明确记载。

鸟类头骨，多为中空，无法雕刻。盔犀鸟之头胄，乃是实心，且外红内黄，质地细腻，便于雕刻。进贡传入中国之时，国人不悉其名，冠之以"仙鹤"。

因人类对雨林过度开发，许多物种正在逐渐减少、消亡。如今，盔犀鸟已被列入《濒危野生动植物种国际贸易公约》的附录 I 中，亦是我国国家二级保护动物。

也许，某一天，鹤顶红会成为嵇康的"广陵绝响"。

12．珊瑚

珊瑚的颜色有白色、肉红色、深至浅的玫瑰红色、粉红、暗红色、蓝和黑色等。珊瑚质地细腻，柔和富有韧性，是优质玉石。我国自古有崇尚红色珊瑚的传统。《说文》曰："珊瑚赤色，生于海。"古人称之为"火树"。《世说新语·汰侈》记载了一个和珊瑚有关的故事：

> 石崇与王恺争豪，并穷绮丽，以饰舆服。武帝，恺之甥也，每助恺。尝以一珊瑚树高二尺许赐恺，枝柯扶疏，世罕其比。恺以示崇。崇视讫，以铁如意击之，应手而碎。恺既惋惜，以为疾己之宝，声色甚厉。崇曰："不足恨，今还卿。"乃命左右悉取珊瑚树，有三尺、四尺、条干绝世、光彩溢目者六七枚，如恺许比甚众。恺惘然自失。

皇帝刘裕是王恺的外甥，常常帮助王恺。此前，王恺多次和石崇斗富，互不认输。终极PK，就是红色玉石的PK。石崇因为给力的红珊瑚，决胜局获胜。红珊瑚，曾经是一个国家顶级富豪的终极象征。

令人吃惊的是，中国有追捧红色珊瑚的传统，其他地区、其他民族也有这样的喜好："红珊瑚主要可分三大类：阿卡红珊瑚、MOMO红珊瑚和沙丁珊瑚……最顶级的阿卡红珊瑚表现出一种'牛血红'，仿如浓缩的血滴，深沉丰盈，激滟着玻璃样光泽，足以摘取东方式罗曼蒂克的王冠。"⑥红色珊瑚最受追捧。"红珊瑚、珍珠以及琥珀，是世界公认的三大有机宝石，而红珊瑚又因稀缺的资源和昂贵的价格，位居三者之首。"⑦

13．彩色钻石

一万颗钻石里只有一颗是彩色钻石，彩色钻石因此被称为"世界上最浓缩的财富"。彩色钻石中，颜色的浓艳程度与稀有程度决定其地位与价值。颜色越稀有、越浓艳纯净，地位越崇，价值越高。令人吃惊的是：彩色钻石的价值以稀有的红色系列最高，蓝色与绿色系列次之，黑色系列的价值最低。"红钻，也称血钻，是彩钻中极为贵重和罕见的极品。迄今为止，已为世人所知的血钻只有几颗而已，能够见到的只是美国史密森学院博物馆中保存的一颗，其余大多只有记载。世界上最为著名的是一颗名叫'拉琪'的血钻，1989年，初现于法国巴黎的一次珠宝展销会上，重量为2.23克拉，当时标价高达4200万美元，是当时黄金价格的10万倍以上，比五色钻石贵2000倍！"⑧

正红色的钻石实在太少。即使只是粉红色的钻石，同样价格奇高。2016年5月17日，伦敦苏富比拍卖公司在瑞士日内瓦拍卖一颗梨形亮粉等级粉红钻，重15.38克拉，以3150万美元（约合2.07亿元人民币）成交。在2017年春季拍卖会上，香港苏富比拍卖公司拍出全球最大的粉色钻石"粉红之星"，重59.6克拉，以

7120万美元（约合4.9亿元人民币）成交。

"人身难得，佛法难闻，中国难生"，这句话固然有中国人自我期许的意味。国人重玉，洋人重钻石。因为上天的原因，最难得的彩色钻石仍然以红色最为珍稀。换个角度说，哪怕如彩色钻石，也崇尚红色。

也许，上帝也有着浓厚的中国情结？

文化定位：万般皆下品，唯有红玉高

（一）"红""玉"最先统一中国

1. 红色信仰

赤橙黄绿青蓝紫，中华民族在颜色上特别青睐"赤"。

北京周口店的山顶洞人，生活在距今2.7万年至3.4万年前。1930年，其遗址在北京周口店龙骨山的洞穴内被发现。除举世震惊的猿人头盖骨之外，洞穴内还有大量的石器、骨器，其中用赤铁矿染红的石珠，有着非同寻常的意义。不仅如此，在山顶洞人的墓中，尸体的周围撒有红色的赤铁矿粉末，死者所佩带的贝壳、兽牙等也被染成红色。人类学家贾兰坡先生告诉我们："所有装饰品的穿孔，几乎都是红色的，好像他们的穿戴都用赤铁矿染过。"⑨郭沫若先生在《中国史稿》中提道："有的认为红色代表鲜血，是生命的来源和灵魂的寄生处。"李泽厚先生则认为："（此时）红色本身在想象中被赋予了人类社会所独有的符号象征的观念含义。"客观事实告诉我们：山顶洞人似乎对红色有了特殊的感知。

距离北京山顶洞人遗址万里之遥的广西南宁贝丘遗址，与山顶洞人遗址存在着颇为类似的情形：广西南宁新石器时代贝丘遗址（一说是旧石器时代晚期，距今约8000年）的墓葬，就有在尸体周围撒赭石矿粉的习俗，或者直接以赭石随葬。⑩

赭石，氧化物类矿物刚玉族赤铁矿，主含三氧化二铁，最重要的是：赭石是红色的。

山顶洞人遗址到南宁贝丘遗址，二者空间上相距数千公里，时间上相距近两万年！距今约6200年前的湖北枣阳雕龙碑遗址，也发现了粉末状红色颜料，极细极纯，经鉴定也是赭石。赭石之文化遗存，还见于其他的一些遗址。

另外一种比较难得的红色颜料，是朱砂。朱砂广泛存在于各种文化遗存之中。为了说明这种颜料使用的源头的时间，我们取文化遗址的年代上限：黄河中游的仰韶文化，距今7000年；山东泰安的大汶口文化，距今6500多年；上海市青浦区崧泽村发现的崧泽文化，距今5800年；浙江的良渚文化，距今5300年；安徽含山县的凌家滩文化，距今5000年；等等。这些遗址的墓葬有一个显著的共同点：都使用了朱砂。但是，使用朱砂的方式，"经过了由墓葬填土撒朱砂、随葬品涂朱、逐渐向墓底铺设方式的过渡"。⑪距今4500年的山西省襄汾县陶寺文化遗址墓葬，不但使用朱砂铺设墓底，而且，每一处都做得很规范。遗址年代起点距今4100多年的河南省洛阳市偃师二里头文化遗址，其青铜爵为目前所知的中国最早的青铜容器，开启了青铜时代的先声。二里头文化遗址同时还出土了玉器、漆器、陶器等。特别引人注目的是：朱砂墓葬达37例之多！等级不同，墓底朱砂厚度有别。有的铺设的朱砂厚达6厘米，更有的达到8厘米。

《尚书·禹贡》，王国维认为是周朝初年的作品，托名大禹记录周朝之前的事情。该书提到荆州"厥贡羽、毛、齿、革，惟金三品。……砺、砥、砮、丹"，"丹"，即"丹砂""朱砂"。研究成果表明：《禹贡》这一段，记载荆州进贡丹砂，所言非虚。

甲骨文多出现于殷墟。殷商之后，就是周朝。周朝距离甲骨文出现的年代相对较近，时间大约是公元前1046年至公元前256年，号称800年，其有着高度发达的物质文化与礼仪范式。周人尚赤。西周晚期的青铜器庚嬴卣，铭文记录了周王赏赐庚嬴贝和丹砂的故事。丹砂这种红色的物质，亦如后来的食盐，是当时政府控制之物。国家专控朱砂，实际上是对红色的尊重，体现着红色在当时的庄严。

赭石或者朱砂，都是红色的物质，物质的背后，是一种观念，一种尊重红色的观念。炎帝，距今5000年左右，又称赤帝，传说为南方天帝，与黄帝并称为中华始祖。炎帝尚赤，其部落被公认为早期华夏民族的主干。在甲骨文中，"赤"表"红色"。《说文解字·赤部》："赤，南方色也，从大从火。"范文澜先生在《中国通史简编》第一册中告诉我们，周朝崇尚赤色，大祭祀用骍牛（赤色牛）。晋国大夫羊舌赤字伯华，孔子弟子公西华名赤，说明"华"含有"赤"的意思。凡遵守周礼崇尚赤色的人和族，称为华人或华族，通称为诸华。华夏这个名称，最基本的含义还是在于文化。文化高的地区即周礼地区称为夏，文化高的人或族称为华，华夏合起来称为中国；而对文化低不遵守周礼的人或族按其方位称为东夷、南蛮、西戎、北狄。

红色信仰，肇自远古，炎帝继之，至于三代，不断绵延。可以说，红色意味着吉祥，意味着喜庆。在秦始皇统一中国之前，这一认识是共同认识。后来，赤帝子刘邦的大汉朝，不断弘扬、强化红色信仰。

自此，华夏子孙，世代信奉。

2.美玉崇拜

人类经历了旧石器时代、新石器时代、青铜时代和铁器时代。随着考古的新发现与人类学研究的不断深入，我们发现，在人类的普遍标准之外，中华民族有一个独特的时代，这就是"玉器时代"。在众所周知的"丝绸之路"之前，有"玉石之路"。"丝绸之路"上重要的一个关隘叫"玉门关"，就是因西域输入玉石时取道于此而得名。对中华民族而言，玉文化的影响沦肌浃髓，从未间断。在与西方文化进行对比以找寻中华优秀的传统文化时，费孝通先生说："在此，我首先想到的是中国的玉器。因为玉器在中国历史上曾经有过很重要的地位，这是西方文化所没有的或少见的。……我们现代应该将对玉器的研究提升到对玉器内涵的研究，从物质切入到精神，同价值观念联系起来。"[12]

关于玉文化统一中国的详细论述，叶舒宪先生在他的论著、他的各种公开讲座中，都表达得很充分。这里引用他的结论："玉石神话信仰作为精神文化要素，先于秦始皇的武力征服约2000年，就开始了统一中国的历程。从距今8000年到距今5000年，玉文化用3000年时间由北向南传播，主要覆盖到中国的东半部，随后向西传播，在距今4900年到4500年时进入中原，形成黄河以东晋南地区的玉礼器体系。"[13]

玉文化，让华夏子孙形成了共同的神话谱系、共同的崇拜对象，为共同的实体的链接与形成奠定了基础。当一个民族拥有了共同的观念，有了共同的神话和信仰，他们之间就有了割不断的联系、摧不垮的纽带。历史反复证明，信仰和观念对于行动有巨大的指导作用。红色信仰和美玉崇拜，就是中华民族的各民众之间相互的精神寄托，互相有了彼此的认同，之后才有秦始皇统一中国。

青铜文化、铁器文化，都曾经盛极一时，但随着科技的进步，这些文化慢慢衰落了。尊红尚玉的文化，肇自远古，绵延至今，时有山峦高峰，时有激流奔涌，不断被发扬光大，并构成我们彼此认同的思想基础，上万年以来，无论风雨飘摇，无论莺歌燕舞，一直是引导我们走向光明、走向吉祥的正能量，从未改变。习近平先生说："历史是现实的根源，任何一个国家的今天都来自昨天。"让我们回到文化，找到自己精神能量的源头，重新凝聚，走向复兴。

（二）上下求索

1. 红玉实物渺然难觅

（1）艰难的红玉寻觅。

我们在观念上有红色信仰，有美玉崇拜。而真正把红色和玉联结在一起的可见可触的红玉，却罕见。这一点前文已经提到，在《神奇的桂林鸡血玉》中已经论及，这里增加一则该书未收的论据，那就是明朝两位皇帝接力利用国家权力来寻找红玉的事实。

国家博物馆艺术中心原主任岳峰先生曾经论述："据有关文献，明嘉靖时，要制作玉器，曾专门派人寻找赤玉，也没有得到……和田玉中是否有赤玉还有待于继续调查研究。"[14]

另外一位研究者研究得更加细致：

> 对明廷而言，诸种玉石中，不易得的是红黄玉。因为缺少红黄玉，惊动明朝的两个皇帝即嘉靖帝和万历帝。《明世宗实录》记，嘉靖十年（1531）二月，嘉靖帝先是定方丘并朝日坛所用玉爵，各因其色诏户部觅红黄玉送御用监制造。户部多方购之不获，但得红黄玛瑙、水晶等石以进。嘉靖帝只好暂时充用，仍责求真玉。……但到了嘉靖十五年（1536），边臣仍求不得。……至万历十五年（1587）五月，陕西抚臣奉诏求红黄玉，遣人于天方国、土鲁番、撒马儿罕、哈密诸夷中购之，皆无产者。[15]

两位皇帝接力寻找红黄两种颜色的玉，时间跨度很大。从另外一个角度来说，帝国的统治者苦心营求，凸显的是红色和黄色玉种，在帝国上层建筑方面极其重要。

遗憾的是，以皇帝之尊、举帝国之力，连续半个多世纪搜求未果，足见找寻红玉，难度不是一般的大！

（2）人为打造红玉的种种尝试。

国人尊奉红玉却又找不到红玉，于是，得到红玉就成为一代又一代接力、上下求索的使命。

随着金石学的兴起，宋代仿古玉开始流行，元明清三朝逐步发展，先人们千方百计用人工的办法，成就了一些红玉。这里列举几种方法。

①血竭染玉。

关于血竭染玉的记载，见于徐寿基的《玉谱类编》、李凤公的《玉纪正误》。具体方法，就是"用麒麟竭液涂于玉上火煨之即红"。这里，方法的重点是这个"煨"字。

血竭，是一种药材，为棕榈科植物麒麟竭果实或藤茎渗出的树脂经加工制成。血竭分布于印度尼西亚爪哇、苏门答腊、婆罗洲等处，具有活血定痛、化瘀止血、生肌敛疮的功效。

古人用这种方法给玉染色，是否真的可行？故宫博物院的杨伯达先生曾经在《收藏家》杂志1999年第3期发表《"血玉"与"血竭染玉"》一文，他请中国中医研究院中药研究所副研究员杨华进行"血竭染玉"的实验，并且，将实验情况作为附录发表在文章的后面，附录的题目是《关于血竭染玉的实验报告》。

Ⅰ．实验结果提示：古人用血竭染玉的记载真实可靠。血竭在溶液状态下，经过高温加热，可以浸入玉石结构中，将玉石染成铁红色。血竭用量愈多，加热时间愈长，颜色愈深。

Ⅱ．血竭染玉的机理目前尚未见有研究报道。据本实验结果分析，可能是血竭中的某些成分溶解于乙醇中，在高温下渗入玉石组织结构内部，并发生某些物理或化学变化的结果。

2015年5月，状元红艺术馆组织鸡血玉的藏家到北京展览，请杨伯达先生来现场指导。笔者就血竭染玉的实验报告请教先生：中医研究院的杨华副研究员何以想到做这个实验？杨伯达先生告诉我：杨华就是他的女儿。

杨伯达先生为了红玉，真是父女接力啊！

②老提油。

清朝陈性撰的《玉纪》记载："更有宋政和、宣和间玉贾赝造，将新玉琢成器皿，以虹光草汁罨之，其色深透红，似鸡血色。"

吕美璟在其编著的《玉纪补·释伪》中，实际上把"老提油"变成了"宋旧"："宋旧：即伪红色沁。多系用虹光草染过，复用火逼透，出土后亦有水银片子，光亮含在玉内，然其色系成片成块，不能散开。"

近人李凤公则在《玉纪正误》指出："凡染玉入肤理者须用赤色树脂染料，如根据《山海经》白荅可以血玉之记载，提出白荅汁可作老提油。而虹光草属茜草类，为植物染料，只能染丝帛，不能入玉肤理。"

上文在谈到"血竭染玉"之时，杨华副研究员曾经专门做实验，证明植物染料是可以改变玉之颜色的。尽管现在尚未看到有谁来做这个实验，但是，我们是可以类推的。

③新提油。

清朝陈性撰《玉纪》："比来玉工，每以极坏夹石之玉染造。欲红，则入红木屑中煨之，其石性处即红；欲黑，则入乌木屑中煨之，其石性处即黑，谓之新提油。"

这里，方法的重点，还是这个"煨"字。

吕美璟在《玉纪补·释伪》中提到"新提油"，与陈性的观点继续有很大不同："系先用色染，再放于滚油锅内炸透，然其色外浮纵有血丝亦系浮于外面，甚有红白相间即玉贾所谓'猪油炖酱'者，细察，中发空色，不似真旧光由内吐，俗称油炸鬼即此。"请注意，他用了这样动词："炸""炖"。

李凤公在《玉纪正误》中依然对陈性的观点持不同看法："夫木入火成炭，色素即灭，色素乃有沁入玉可能。虽人工制造，其理与天然入玉受沁同，虹光草、红木、乌木实无此能力，染玉之说当然不能成立。"

"新提油"的说法，今人没有进行过实验，但是，广泛见于各种文献记载中。可以与科学实验相媲美的，是关于乾隆的几条史料：

乾隆十八年（1753）的一天，乾隆帝在玩赏一件沁色绀红的双童耳古玉杯时，发现玉杯表面附着一层类似黏稠粥汁一样的东西，不知其为何物，心中有疑，便召玉工姚宗仁了解。姚宗仁一眼认出此杯是他祖父所制，接着，姚宗仁讲述了"淳炼之法"，即"染玉之法"。乾隆皇帝很感慨，专门写了御制文《玉杯记》。从文章中我们知道这样的信息：一是染玉之事，在姚宗仁的爷爷之前就有"职业选手"了。二是姚氏染玉，很讲独门技法，先要在玉器上找有瑕疵、不是很坚硬的地方。没有瑕玷的玉器，质地坚硬，染色难侵，则用金刚钻，钻出如蜂窝、钟乳状的坑孔；用琥珀粉液加以浸泡，用不大不小的文火，夜以继日地煮烤，这样，一年乃成。三是同时操此业者，因利所急，多不知姚氏之法，知之者因其耗费时间也弃而不用。

乾隆二十八年（1763），乾隆皇帝作御制诗《题汉玉璧》，其中有这样一句："质以天全容以粹，世间烧染自纷陈。"反映了当时仿古玉的烧染制作技术普遍流行。

④羊玉、狗玉。

武进人刘心瑶撰《玉纪补》，其中有关伪制沁色者，计有伪石灰古、羊玉、狗玉、梅玉、风玉、叩锈、提油法等七种。

所谓羊玉，即"美玉作为小器，割生羊腿皮，纳于其中，以线缝固，数年取出，则玉上自有血纹。以伪传世古"。如何辨其伪为呢？刘心瑶以为："终不如真者之温静。"并且，"辨其真赝时可用鼻嗅之，最好盘热时嗅之，微有腥味，此不可不辨者也"。要缝在羊腿之内，肯定是"小器"；"腥味"不散也是可以想象的。

狗玉，"杀狗不使出血，乘热纳玉器于其腹中，缝固，埋之通衢；数年取出，则玉上自有土花血斑，以伪土古"，"然必有新色及雕琢痕"。

羊玉和狗玉肯定共通的一点，就是玉的本身要有小的绺裂或者其他瑕疵。

⑤猫狗葬。

吕美璟《玉纪补·释伪》记载："金陵、苏州玉贾专做此物。据云，用夹石之玉先染以色，次于油内炸透（即油炸鬼），再将猫犬杀毙破开肚腹，趁热将玉藏于内，埋在土中数年然后取出，血窟成团成块亦有水银光亮隐在玉内，不似真旧之变化百出，一望而知其伪也。"

所谓"羊玉""狗玉""猫狗葬"，都有赖于动物本身的血液来让玉变成红色；"羊玉"用的是活血，

"狗玉""猫狗葬"实为仿古墓之尸沁。"猫狗葬"要先将新玉做成"油炸鬼"，任何质地坚硬、毫无缝隙的好玉，是不能做"猫狗葬"的。

⑥叩锈。

刘心瑶撰《玉纪补》记载："阿叩作毛坯玉器，用铁屑拌之，热醋淬之，置湿地十余日，再埋通衢数月；然后取出，刚玉为铁屑所蚀，遍体橘皮纹，纹中铁锈作深红色（煮之则色变黑），且有土斑灰，不易褪，宛如古玉。"如何辨伪？"凡伪古玉无土斑而有红色者，其色必浮，盖自外入故也。有土斑而灰之不变，及红色盘之易褪者，赝品也。以此辨之。"

叩锈的记载，见于《玉纪补》，也见于《古玉辨》。据云，乃由乾隆时无锡县名阿叩者所制，谓之伪铁锈纹玉。

真正受氧化铁所沁之古玉，玉质既老且熟，或绺裂，或侵蚀，沁色由表及里，层层渗入。叩锈则留有土斑，以水煮之则黑。叩锈之后，玉之红沁色较浮，天长日久，红沁色会慢慢消退。

古人将玉变成红色的方法还有很多，比如"熏烘""烧烤""尸古""漆古"，不一而足。

2015年10月17日，笔者在武汉参加中国地质大学（武汉）的学术年会，其间，请教中国著名的宝石学教授、地质大学党委副书记朱勤文女士："古代染玉的情况，是否真的存在？"

她说："存在，宋代就开始有了。"

笔者又问："现在社会进步了，过去那些方法不用了吧？"

她说："不用了。现在还有极个别不良商家用化学药品，效果厉害得多，毒性也相对大。"

2. 书写红玉，中国人历时性的"共谋"

血玉、赤玉、红玉，三个概念的含义基本相同。上文曾经提到，中华民族史前尚红尚玉。其实，中国有文字以来，依然如此。汉唐两代在中国历史上有代表性，兹选汉唐几例，以为代表。

西汉的刘向在《列仙传·安期先生》中，向我们讲述了一个广为人知的故事："安期先生者，琅琊阜乡人也，卖药于东海边，时人皆言'千岁翁'。秦始皇东游，请见，与语三日三夜，赐金璧，度数千万。出于阜乡亭，皆置去，留书以赤玉舄一双为报，曰：'后数年，求我于蓬莱山。'"赤玉舄，即赤玉做成的鞋子，这双鞋子还不时见于后世的文学作品。比如，李白《古风》之二十："终留赤玉舄，东上蓬莱路。"红玉不但参与生成男性的故事，也参与生成女性的故事。赵飞燕姐妹是汉代非常著名的美女。她们美到什么程度？《西京杂记》云："赵后体轻腰弱，善行步进退，女弟昭仪不能及也。但昭仪弱骨丰肌，尤工笑语。二人并色如红玉，为当时第一，皆擅宠后宫。"

"环肥燕瘦"，赵飞燕代表"瘦"美人，杨玉环则代表"肥"美人。白居易任盩厔（在陕西省，今作周至）县尉之时，贞元进士陈鸿与隐士王质夫同居该县。话及唐玄宗、杨贵妃之事，三人良多感慨，白居易作《长恨歌》，陈鸿作《长恨歌传》。《长恨歌传》是著名的史诗小说，其中写方士见杨贵妃的场面令人印象深刻：

方士因称唐天子使者，且致其命。……久之，而碧衣延入，且曰："玉妃出。"见一人冠金莲，披紫绡，佩红玉，曳凤舄，左右侍者七八人，揖方士，问皇帝安否，次问天宝十四载已还事。言讫，悯然。

玉妃，杨贵妃是也。贵妃佩玉乃是平常之事。而贵妃所佩之玉，却是现实之中并不存在的"红玉"。其实，很多唐诗以红玉誉美人。有的用来形容美人的身体："肌骨细匀红玉软，脸波微送春心。"（和凝《临江仙》，《全唐诗》卷893）"被郎嗔罚琉璃盏，酒入四肢红玉软。"（施肩吾《夜宴曲》，《全唐诗》卷494）有的用来形容美人的肌肤："彩翠仙衣红玉肤，轻盈年在破瓜初。"（孙棨《赠妓人王福娘》，《全唐诗》卷727）有的用来形容美人的手指："红玉纤纤捧暖笙，绛唇呼吸引春莺。"（和凝《宫词百首》第九十四首，《全唐诗》卷735）这些作品要表达的含义很接近：美人像红玉一样美丽非凡。从逻辑上分析，则红玉之美在美人之上。

不唯对美女如此，历史上有影响力的枭雄豪杰，有了红玉也就相得益彰："吴王心日侈，服玩尽奇瑰。身卧翠羽帐，手持红玉杯。"（白居易《杂兴三首》其三，《全唐诗》卷424）联系上下文，可以知道这里的吴王是指夫差，一代枭雄。红玉，用以表达他追求极度的尊贵、奢靡。

红玉也用来形容动植物："牡丹芳，牡丹芳，黄金蕊绽红玉房。"（白居易《牡丹芳·美天子忧农也》，《全唐诗》卷427）这里，红玉用以形容植物的花房。有的作品，用来形容动物："一斗擘开红玉满，双螯哕出琼酥香。"（唐彦谦《蟹》，《全唐诗》卷671）这里，红玉用以形容螃蟹的蟹黄。阅读作品的时候，仿佛有蜜蜂飞舞，仿佛有蟹黄飘香！

我们的先人和当下的同胞，为了红玉，可谓费尽心思。用植物血竭、虹光草进行浸染，尚可接受；后面的一些方法在笔者看来是脱离道德的藩篱追寻红玉，和红玉文化本身的价值导向南辕北辙了，是应该反思和批判的。

应该说，红玉本身，比哲学更鲜活，比宗教更有感染力，成为中华民族无法回避的血缘式的名词，成为一个人人敬仰、钟爱的"活物""灵物""神物"。深深的崇尚红玉情结，形成了国人独特的潜意识与心理结构，也让制造"红玉"成为持续不断的产业。

还好，现在有了鸡血玉！

（三）儒释道与红玉的关系

在诗文中"红玉"彰显，在现实中"红玉"难觅。除了前文提到的史前基因，文字出现之后中华文化的主脉也让红玉文化很有成长的空间。中华文化博大精深，纷繁复杂。其中，儒道释文化构成了中华文化的主要部分，这里，试图点穴式叙述三者与红玉的关系。

红色是一种颜色，颜色是一种性质的存在，不是物质。这种性质，需要具体的物质来体现。抽象的性质和具体的物质结合，就有了颜色。没有物质，就没有颜色。颜色好比"道"：存在于所有事物当中，超越于所有事物之上。

红玉在现实生活中并不容易见到，因此在具体论述中，对于玉的尊崇和对于红色的尊崇就只能花开两朵，各表一枝。

1.儒家：孔子尊玉尊红

儒家的第一经典，是《周易》。本书"色之魅"一章，将要论及。这里，重点谈谈儒家第一人孔子。

早在两千多年前，孟子即称誉孔子为"圣之时者"，后世更尊奉孔子为"天纵之圣""天之木铎"。《朱子语类》有言赞美孔子："天不生仲尼，万古如长夜。"1949年，蒋介石运走了大量黄金和国宝，还带走了27岁的"衍圣公"孔德成，视之为"国之重宝"。由于孔德成传承了孔子的神圣血统，所以蒋介石才把他看得比"玉玺"更重。

可以说，孔子是中国历史上影响力排第一的男人。

有一则子贡和孔子的对话，很能体现孔子对玉的态度。

子贡问于孔子曰："敢问君子贵玉而贱珉？何也？为玉之寡而珉之多欤？"

孔子曰："非为玉之寡故贵之，珉之多故贱之。夫昔者君子比德于玉。温润而泽，仁也；缜密以栗，智也；廉而不刿，义也；垂之如坠，礼也；叩之，其声清越而长，其终则诎然，乐矣；瑕不掩瑜，瑜不掩瑕，忠也；孚尹旁达，信也；气如白虹，天也；精神见于山川，地也；珪璋特达，德也；天下莫不贵者，道也。《诗》云：'言念君子，温其如玉。'故君子贵之也。"（《孔子家语》问玉第三十六）

类似的表达，在《礼记·聘义》《荀子》等著作中，均有。足见孔子对玉之认可与推崇。

《论语》记载了孔子持圭的细节："执圭，鞠躬如也，如不胜。上如揖，下如授。勃如战色，足蹜蹜，如有循。"孔子举着圭，低头躬身，恭敬谨慎，好像举不动似的。上举如作揖，放下如递物。脸色庄重得要战栗，步子又快又小，好像沿着一条直线往前。圭在孔子眼里似乎是重于泰山。孔子不只是把对于玉的崇奉停留在言语上，而且表达在行动上。

《名山藏》是一本记载明嘉靖以前历代遗事的纪传体史书，该书提道："孔子将生，有麒麟吐玉书于阙里（今山东曲阜），圣母以绣系麟之角。"这一故事流传甚广，说明用麒麟、玉、书三者来讲好孔子的故事，大众是认同的。

基督教崇拜耶稣，伊斯兰教崇拜穆罕默德，儒教崇拜孔子。耶稣是上帝的独生子，耶稣之上，有上帝；默罕默德是真主安拉的使者，穆罕默德之上，有真主。孔子之上，有谁？

在孔子时代，孔子之上，有玉。

在物质上，孔子崇尚玉；在颜色上，孔子崇尚红色。

在孔子看来，西周社会尽善尽美，周公则是他心中的偶像。《论语·述而》记载："子曰：'甚矣，吾衰也！久矣，吾不复梦见周公。'"梦里不见周公则无比伤感。周朝是距今最近的一个奴隶制的朝代，也是最强大的一个奴隶制的朝代。孔子致力于"克己复礼"。"礼"者，周礼也。周人尚赤，孔子之"礼"，有着鲜明的红色印记。

《论语·雍也》记载，子谓仲弓曰："犁牛之子骍且角，虽欲勿用，山川其舍诸？"孔子告诉仲弓说："耕牛之犊长着红色的毛，并且犄角周正，虽然不想以之用于祭祀，山川的神灵难道会舍弃它吗？""骍"，红色的牛马，泛指红色。奉献给神灵享用之物，孔子认定必是红色之物。红色之庄严重要，自不待言。

《论语·乡党》有言："君子不以绀緅饰，红紫不以为亵服。"意思是说，君子不用深青透红或黑中有红的布镶边，不用红色或紫色的布做平日常穿的便服。红色的布如此之庄重，以至于不能用来镶边；红色和紫色的布如此之庄重，以至于不能制作便服。

尽管紫色也很有档次，但相对于红色，还是"低人一等"。《论语·阳货》云："恶紫之夺朱也。"孔安国注曰："朱，正色；紫，间色之好者。"孔子明确表示，厌恶用紫色顶替红色。

由上可以看出，孔子这位儒家文化第一人，不折不扣地尚红尚玉。

2.道家：最高的神仙玉皇与最传承的事情——炼丹

在中国神话历史中，玉皇大帝出现比较晚，但是级别最高。宋真宗为道教高上玉帝加尊号曰："太上开天执符御历含真体道昊天玉皇上帝。"《皇经集注》称："玉皇，非一天之尊，乃万天之主，三教之宗，最上无极大天尊，玄虚苍穹高上帝。"

玉皇不但是华夏本土道教的第一神，而且是众神之神。

玉皇和玉的关系，在三个方面体现得很充分：

一是称呼。玉皇，又被称呼为玉帝、玉皇大帝、玉皇大天尊、高上玉皇、玉皇赦罪天尊等等，"玉"字加上"皇"字，成了无上之神。

二是住所。玉皇住所为"太微玉清宫"。

三是玉皇代表的教派和"玉"关系密切到无以复加。道教的仙官、仙人称玉郎、玉童、玉女；神仙境界或居处，称玉峰、玉京、玉清、玉阙、玉宸、玉房、玉堂；道教经籍称玉书、玉章、玉牒；人体称玉庐、玉都；肩项骨称玉楼；头发称玉华；鼻子称玉垄；鼻孔称玉洞；嘴巴称玉池；唾液称玉津、玉英；等等。

鲁迅亦说，中国人的根底大抵在道教。道家追求健康、追求长生、追求成仙。在道家的世界里，健康、长寿、成仙的道路，就是"人的玉化"。

道教对于红的尊崇，可以从炼丹看出来。从时间上说，道教炼丹绵延近2000年。炼丹出现的时间不晚于西汉末年。到东汉，已经有《黄帝九鼎神丹经》和《太清金液神丹经》两本炼丹的书，总结炼丹精要。自此，史上炼丹著作绵延不断，如五代至宋有《铅汞甲庚至宝集成》《诸家神品丹法》《丹房须知》，明代有《庚辛玉册》《乾坤秘韫》，清代有《外金丹》，等等。就算到了清晚期的1874年，仍有《金火大成》问世。

何谓"炼丹"？ 炼丹即道家为追求长寿长生而炼制丹药的方术。丹，指丹砂，化学名称硫化汞，是硫与汞（水银）的无机化合物，因呈红色。陶弘景曰："丹砂即朱砂也。""烧之愈久，变化愈妙。"古人缺少科学知识，炼丹之时，硫化汞形体圆转流动，易于挥发，古人觉得不可思议，将一些药物和液体汞按照一定配方彼此混合烧炼，以炼就"九转还丹"或称"九还金丹"。在笔者看来，炼丹的本质是我们祖祖辈辈红色能量进入潜意识的表现。尽管道家也强调内丹，内丹是精气神结合的产物。但是，毕竟外丹是直接可感的，是通过劳动可以得到的。道家的炼丹魔法，本质上是上万年传统文化的还魂附体。

道家，本质上是尚红尚玉最沦肌浃髓的一家。

3. 佛教：从玉舍利说起

陕西扶风法门寺1987年5月10日发现有真身佛指舍利（灵骨），亦称"第三枚佛指舍利"。舍利为五重宝函所包裹。分别是：铁质函、银质鎏金函、檀香木函、水晶椁、壶门座玉棺。释迦牟尼佛真身灵骨（为左手中指）供奉于玉棺之内。最尊贵、最贴近释迦牟尼佛真身灵骨者，玉也。

此外，人们按照真骨的形状和大小而特制了"影骨"。影骨即灵骨之影应、应现，以证示灵骨之不灭。佛教界认为，影骨与灵骨是不一不异的关系，赵朴初先生赞颂说："影骨非一亦非异，了如一月映三江。"

影骨的材质，乃是玉。佛教对玉的尊奉，从玉影骨的情况可以窥一斑而知全豹。

佛教对于颜色的理解，可以有很多角度。单纯从僧人衣着来说，在唐代，僧人以衣朱赤僧衣者最为尊荣；当下，一般也只见方丈、佛教领袖着红色袈裟；藏传佛教领袖如达赖、班禅，重要场合均着红色袈裟。

儒教以孔子为教主。孔子崇玉崇红。儒教与鸡血玉，天然相关。道教的核心是阴阳，一阴一阳谓之道，鸡血玉的黑地红、白地红，天然就是"道"的活图典。鸡血玉与佛教的关系，同样很是耐人寻味、耐人琢磨：鸡血玉的产地名龙胜，佛教中有名为龙胜的菩萨（亦称龙树菩萨、龙猛菩萨，佛教史上被誉为"第二代释迦"）。《楞伽经》中云："南方碑达国，有吉祥比丘，其名呼曰龙，能破有无边，于世宏我教，善说无上乘，证得欢喜地，往生极乐国。"在《无量寿经》中，"龙胜"是佛祖提到的"第五佛"：

> 佛告弥勒："不但我刹诸菩萨等，往生彼国。他方佛土，亦复如是。……其第五佛，名曰龙胜，彼有十四亿菩萨，皆当往生。"

"十四亿"，这个数字，几乎是发现鸡血玉的时候中国的人口总数。崇尚红色崇尚玉的中华民族，以龙为图腾，在"龙胜"这个地方发现了鸡血玉。龙胜又是一位菩萨的名号。也许，鸡血玉——这大自然的舍利子，她赐予的正能量，将让宇宙产生不可思议的奇迹？

写到这里，想起两个词：玉玺、关公。

一是想到玉玺的故事。

> "在秦王横扫六合的那个年代，金银铜铁等所有贵金属已经陆续登场，冶炼、铸造、金银加工技术等，都已经具备实用性。但嬴政为什么偏偏放弃其他所有的贵重材料，唯独取用一件玉石，来打造天下权势的象征物，其舍弃的奥秘或诀窍何在呢？
>
> 最高统治者秦始皇，专门授命丞相李斯，在传国玉玺上用小篆字体篆刻出八个汉字。真可谓一语

道破天机："受命于天，既寿永昌。"⑰

秦始皇之后，历朝历代，无不遵循。

二是中华民族英雄辈出，不可胜数。在历史中，有一位儒释道都崇奉的人——关羽。在儒家，孔子是文圣，关羽是武圣；在道家，关羽被奉为"关圣帝君"，个别道家宗派甚至奉其为"第十八代玉皇大帝"；在佛家，关羽是护法神，是伽蓝菩萨！任何一个地方，供奉的关羽都有一个共同的特点：脸是红色的！

应该思考的问题很多，比如：为什么我国的玉器是从北到南、从东到西传播（而不是从北到中或者从北到西）？玉器最早的地方，无论是东北地区还是长江流域（包括成都平原、良渚地区），为什么没有形成中华大地最强的力量（历史上夏商周秦2000多年实力最强的四个帝国在同一纬度）？同是一个地球，为什么只有中国人会尊红尊玉、要"比德于玉"？这些问题，有待进一步解决。现代科学已经证明：人类除了生物基因，还有文化基因。文化作为一种基因，除了后天习得，很多是遗传，是与生俱来。决定一个地区一种文明的发展的基础不能是空中楼阁，必须是追根溯源。

20世纪二三十年代，中国共产党领导中国人民组建红色军队，建立红色政权，定名之时也许并未考虑到深厚的传统文化，当时的中国革命是世界革命的组成部分，是世界红色政权之一。成立之初就有人怀疑：红旗到底能够打多久？有趣的是：红色政权最稳固、最有前途的是中国。

美学定位：第一美玉

（一）天然魅力

物品的天然之美，从亲生命性的角度看有三个标准：一是质地细腻。好的和田玉，使用一般的放大镜也看不到毛孔。好的木材首先也是毛孔小，毛孔粗大则说明质地疏松。二是有光泽。无论什么物件，暗淡就是不美。不但玉有光泽，就是木材，我们也希求其具有油脂光泽。三是颜色的美丽。和田玉所谓"一红二黄三墨四羊脂"，就是说不同的颜色有不同的价值等级。名贵木材首推红木，这也是一种颜色选择。令人费解的是：为什么红色的木材质地最细腻，最有光泽？难道主管木材的神仙也是中国人？

在笔者看来，上述三种标准，都源于人类对自身的要求：婴儿相对于老年人，其肌肤的毛孔肯定很小。皮肤的光泽度和人体的含水量有关，婴儿肌肤的含水量要比老年人高百分之三十以上！颜色的鲜艳程度同样和身体器官的健康状况有关。也许你会反驳：枯荷、怪石，甚至罗丹雕塑的老妇，不都是美的经典吗？是的，但那是从艺术或者人文的角度而言的，下文将论及。从亲生命性的自然美角度，人类追求的确实是：细腻、有光泽、颜色瑰丽。

1.细腻而有光泽

鸡血玉的原石一般看不出细腻与否，切割打磨之后，可以用强光电筒照射或用放大镜仔细观察，看不到玉石结晶矿物颗粒的就是隐晶质结构，就是上品。看得到毛孔甚至颗粒的就是所谓的显晶质结构，就是一般的品级，甚至是下品。我们要寻找隐晶质结构的鸡血玉。有消费者抱怨：当初购买鸡血玉时觉得很好看，为什么放到家里不久就变得粗糙了？根本原因是选购的产品质地不够细腻。对于已经打磨好的鸡血玉，高手一眼就可以看出质地会不会干糙。成功率高的关键还是多看、多练手，这是一门实践科学，就像陆地上很难学会游泳一样。

在所有玉石中，质地上乘的都不会多，就如同木材、人才一样，优秀的总是少数。但还是有不少鸡血玉的质地细腻温润。本书图片中的鸡血玉，基本属于质地细腻温润的上上佳品，数年之后仍然感觉水润温馨。

鸡血玉打磨之后，一般呈现玻璃光泽，也有少部分呈现油脂光泽。这一点相对容易把握，看得到，也看得明白，在此不详论。

2.颜色瑰丽

（1）红色至尊。

"颜色"是一种性质的存在，不是物质。这种性质，需要通过具体的物质来体现：草是绿色的，雪是白色的，天空是蓝色的。抽象的性质和具体的物质结合，就有了"颜色"。我们看得到五颜六色，是因为光的惠赐。红色，在自然的色彩中光波最长，给人的感官刺激最强烈。在光谱色系列中，红色的纯度最高。当纯度最高的红色和美玉结合，这种瑰丽的颜色给人的震撼可想而知。

（2）有强烈的视觉冲击力。

鸡血玉的主要品种是黑地红、白地红。红与白、黑与白、黑与红，是几组对比度很大的颜色，尤以黑色与红色的对比度为最。可以说，鸡血玉是主色与地子色对比最大的玉种。对比度大，颜色产生的张力也就大，视觉冲击力也就强。鸡血玉黑地红的方章庄重吉祥，黑地红的挂件美丽大方，黑地红的随形摆件镇邪兴家，黑地红的大型原石喜庆鸿发。

（3）鸡血玉本身有美轮美奂的玉面。

鸡血玉乃是十亿年前因为火山爆发一次形成。因为火山喷发之时各种元素不规则的组合奔流，沉淀之后便形成非常奇特的色彩组合，切割打磨之后，画面奇美。

①多姿多彩。

从笔者见过的鸡血玉玉面来看，有的像文字，比如本书中的"红人"。"人"字动感很强，左撇力度很大，如助跑；右捺灵动飘逸，如飞奔。有的像植物，如"花开富贵，人生如意"，花枝如同如意，而花朵有着自然的色彩、自然的圆形，中间还有花蕊的渐变色！有的像动物。如"牛气冲天""龙抬头"，等等。这些图像，构图准确度很高，不用推测，无须琢磨，一看便知。任何图案中，人形图案最为难得、珍贵。黑地红随形珍品"女娲"，很让一些绘画高手折服！看到这些，不禁让人联想起歌德《浮士德》中的一句诗：

"写下这些记号的难道是一位凡人吗？"

和田玉、翡翠的玉面图案比较少，黄龙玉有不少草花图案玉面。但从多姿多彩的角度衡量，尚未见可以与鸡血玉媲美者。

②气韵生动。

红色与其他颜色的交融，让玉面灵动、鲜活。本书展示的一些印章、手镯，白色、紫色、红色，互相渗透，互相交融，好像一首乐曲：白色好比低音，红色好比高音，变化多端，有节奏，有旋律。局部放大，只见白里透红，仿佛花瓣片片，真担心不小心会碰破"她"的肌肤！怪不得广西大学艺术学院教授汪开庆先生见到之后惊呼："这是活的！"

③阴阳合一，合乎"道"。

阴阳合一，不但是哲学上的"道"，也是生活中的美。天地造物，阴阳相生。太阳和月亮告诉我们自然的阴阳之美；"男女搭配，干活不累"，女人和男人告诉我们人世的阴阳之美；黑如漆、赤如火的鸡血玉告诉我们玉的阴阳之美！（参看本书"色之魅：一阴一阳谓之道"一章。）

（二）艺术魅力

1. 鸡血玉艺术品具有唯一性

艺术最可贵者乃独创。模仿与复制的东西是工艺品而非艺术品。每一块鸡血玉，血色的浓淡、血量的多少、血脉的走向与分布，都各不相同，天造地设，适合"因材施艺"。艺术家需要根据颜色的分布进行设计。八仙过海，各显神通。艺术家在鸡血玉上有广阔的创作空间，也容易创作出优秀的作品。看了本书收录的鸡血玉雕件，便可知所言不虚。相对而言，纯色的玉比较容易被原样模仿、复制，艺术价值很难凸显。福州玉雕名家林学威先生曾经做白水晶的雕刻，他说自己曾经创作了好几款得意的作品，但没出几天，福州市面上就到处都有了。

2. 鸡血玉艺术品含有吉祥信息

尼采言："艺术本质上是肯定，是祝福，是存在的神化。"用在鸡血玉的雕件上，非常合适。鸡血玉凸显红色，红色意味着吉祥与喜庆。这一点无庸赘述。用来雕刻花朵，红花；用来雕刻小鸟，报喜鸟；用来雕刻人物，红人；用于佛教题材，出现了红色的佛，令人想起"红佛齐天"，洪福齐天。欣赏鸡血玉的雕件极易让人想起莎士比亚的名言："当爱发声，众神的声音会沉浸在苍天和谐的寂静之中。"

3. 鸡血玉艺术品能够相反相成

红与黑、红与白，容易对应情感中的乐与哀、爱与恨，相反相成。文学上以乐景写哀、以哀景写乐，倍增其哀乐。《诗经·采薇》动人肺腑："昔我往矣，杨柳依依。今我来思，雨雪霏霏。"《红楼梦》描写贾宝玉与薛宝钗婚礼的同时，写了林黛玉的泣血而亡。相反相成的对比手法，让作品产生巨大的感染力。

强烈的对比让情感直击心灵深处。如作品"甲天下"，凸显的是大块黑土地上小小的红色精灵，土地是墨色的，纯静安稳；上面爬着鲜红的昆虫，流动，透亮。静观的时候，笔者常常不由自主地屏住呼吸，不敢高声语，恐惊方外神。

张艺谋通过红色的表现力横扫世界。汪开庆教授这样写道：

除了《红高粱》以外，在张艺谋导演的其他电影中，红色一直是他主导的颜色：不管是《大红灯笼高高挂》象征权力和性的红灯笼，还是《菊豆》高悬的红色染布，或者是《我的父亲母亲》中的红棉袄和蝴蝶结，《英雄》中身穿红纱的飞雪，漫天红叶……每一部电影里面装的都是一个个中国人的灵魂。⑰

如果说红色的格调成就了张艺谋，那么红花墨叶则成就了齐白石。齐白石红花墨叶的国画，古今第一，世界知名。

鸡血玉，也正安静地等待着雕刻的圣手们吧？

（三）鸡血玉是人们健身与强心的信物

首先，鸡血玉健康、无毒。健康是本论点的前提。兹引从事宝玉石教学、鉴定60余年的中国地质大学（北京）珠宝学院原院长吴国忠先生一段话：

（桂林鸡血玉）红色艳丽而明亮，好似鲜红的鸡血，完全可以与昌化的鸡血石、巴林的鸡血石相媲美。所以是得天独厚的玉石，而且又是三价铁呈色。三价铁是铁的最高价态。无毒、色鲜红，不会再因氧化而变色。在紫外线照射下也不会还原而变灰。所以与鸡血石相比，具有无毒环保、不变色等优越性。⑱

"无毒环保、不变色"，令人心安！

其次，鸡血玉成为健身与强心的信物是有充分条件的。鸡血玉本身的健康无毒是必要条件；而鸡血玉有强大的心理暗示作用，能够正面作用于人的心灵，这是充分条件。下面主要展开论述其充分条件。

心理学上有一种效应，叫期望效应。积极的暗示与期望，使人向好的方向发展；消极的暗示与期望，使人向坏的方向发展。1968年，美国心理学家罗森塔尔等人来到一所小学，在一至六年级各选三个班，煞有介事地进行"预测未来发展的测验"。他们把有"优异发展潜能"的学生名单告诉教师。其实，名单系随机抽取。因为"权威"的暗示，教师对名单上的学生另眼相看。8个月后再次智能测验，结果发现名单上的学生的成绩全线提高！这种通过积极的暗示潜移默化地鼓舞他人的现象，也被称为"罗森塔尔效应"（亦称"皮格马利翁效应"）。罗森塔尔的实验揭示一点：持续的期待产生持续的力量！

在我看来，信仰，其实就是稳定、持续的心理暗示、心理期待。孙正聿教授说："哲学本体意义上的观念构成心中的上帝。上帝不是一种对象性的存在，是你心中的一种观念。"

观念的暗示，让人产生行动的自觉。暗示主要通过三个方面进行，一是专职（包括神职）人员，即他人暗示；二是有同样信仰的人，即互相暗示；三是自己，即自我暗示。

红玉文化有几千年的信仰传承，是一代又一代文化能量的传递，已经内化为我们民族集体无意识的组成部分，大约可以归入互相暗示；个体是独立的，并且，原来多是文字而少实物，现在出现了实物——鸡血玉。我们进行自我暗示，不但可以通过文字，还可以通过实物点醒、激活、迁移。

1.鸡血玉是使人"坎离相济"的信物

康定斯基说："色彩的调子和声音的调子一样，结构非常紧密，它们能唤起灵魂里的各种感情，这些感情极为细腻，非散文所能表达出来。"是的，色彩能够"唤起灵魂里的各种感情"。鸡血玉，是"人化的自然"，因而具有了超自然的力量。

前面从其他角度论述过阴阳和合。这里将从中医的角度开展分享。红与黑，分别是与阴阳五行中的心与肾对应的颜色。就人体心肾而言，心属火，其色赤，对应阳，对应八卦的离卦；肾属水，其色黑，对应阴，对应八卦中的坎卦。中医方剂中有坎离汤、坎离丸，等等，功效就是促进心肾相交。心肾相交，则人体阴阳和谐，身体康健，百病不生。"精神"二字，"精"乃肾之宝物，"神"乃心之灵光。"精"与"神"遇，乃"肾"与"心"交，精神健旺。

鸡血玉，黑地红，阴阳兼备。黑地红的鸡血玉，在文化层面有抱阴负阳、天地一体之正能量，是上天给人类的阴阳平和的信物。

2.鸡血玉是提升能量的"强心"信物

通过强心以提升能量，是必要的：心强，则能量强；心弱，则能量弱。故中医有扶阳派。《内经》云："阳气者，若天与日，失其所则折寿而不彰，故天运当以日光明。"如张景岳所言"天之大宝，只此一丸红日；人之大宝，只此一息真阳"，此语颇得"扶阳"真义。人之真阳，究竟在何处？《素问·金匮真言论篇》云："心为阳中之阳。""心为阳中之阳"这一论断在相关经典中反复出现。这一论断的本质就是：扶阳的本质是强心。所谓"心者，生之本，神之变也"。

通过强心来提升人的能量，也是可能的。心与能量、心与精神，有众所周知的同一性。从唯物的角度，物质第一性，精神第二性；从中国传统文化的角度，精神为阳，身体为阴。其实，二者是和谐的：都强调精神的能动性。"得神者昌，失神者亡。"（《素问·移精变气论》）"太上养神，其次养形。"（《艺文类聚·养生》）当精神不存在的时候身体就是尸体，要住阴宅。可见，作为精神的"阳"，对于生命是何等重要！不可一世的拿破仑也曾经慨叹："世上武器有二：精神和利剑。长远来看，精神轻取利剑。"

鸡血玉能够成为强心信物，主要源于两点：

其一，人心和赤玉，均为"阳中之阳"，能够同频共振。《周易》乃"群经之首"，在中华文化中，有特别重要的地位。《周易》认为，所有的玉，都是阳性的。《周易·说卦传》云："乾为天，为圜，为君，为父，为玉，为金，为寒，为冰，为大赤。""玉"是阳性的，"大赤"是阳性的。然则，集"玉"与"大赤"于一身的鸡血玉，自然是"阳中之阳"！心为人身的阳中之阳，红玉为自然界的阳中之阳！以文化为根，近朱者赤，人心和赤玉能够同频共振，从而成就强心信物。

其二，强心需要信物作为观照。

"心者，形之君也，而神明之主也。"（《荀子·解蔽篇》）从生物的角度来说，身心相比，一定是身大、心小。"心"只是"身"的组成部分。但是，从灵魂的角度来说，一定是心大，身体小（也可表述为"法心大、肉身小"）。不能因为肉身，而忘记了自己性空的心！俗语云：比大地更广阔的是海洋，比海洋更广阔的是天空，比天空更广阔的是人的胸怀。正是在这个意义上，"神爱每一个人"，人人有佛性，人人皆可为尧舜。

从"身大"到"心远"，人类现实的平凡和梦想的伟大，需要一个文化桥梁。中国本土没有严格意义上的宗教。甚至有人说，中国并没有真正的哲学。是的，历史上的中国人并没有固定的时间去教堂；《论语》《老子》也不是严谨的逻辑学著作。但中国文化有极强的暗示传统，并且，通过暗示的传统，将知识、行为、品行统一在一起。《诗经》所谓"关关雎鸠，在河之洲"，《论语》所谓"知者乐水，仁者乐山"。正是在这样的背景之下，有的学者认为，中国的宗教是"玉教"，因为玉是引导心灵的圣物。在笔者看来，中国不但有"玉教"，还有"红教"，"红教"源于太阳崇拜而延续至今。这是一个非常大的话题。古往今来，玉是"四个代表"：在神权社会，玉是神的代表；在王权社会，玉是等级的代表；在"钱权"社会，玉是财富的代表；在人权社会，玉是品位与精神的代表。在任何社会中，红玉都是美丽喜庆吉祥的代表。

我们的梦想和我们的传统，让鸡血玉成为最合适的强心信物。人是唯一能够接受心理暗示的动物，并且，心理暗示的力量无比强大。得到鸡血玉的欢喜，联想红玉的吉祥，对于红玉能量本身的信仰，无疑都是产生正向能量的方式。借用纽曼博士说的一句话：人类有一种非物质的心识力量，能够影响物质的变化。

孔子的时代，"天下之无道也久矣，天将以夫子为木铎。"孔子为木铎，践行上天的价值和使命。所谓"乱世黄金盛世玉"，在走向复兴的当下，我们可以探讨加大"红玉"的引导力，也许，"天将以红玉为木铎"。从这个角度，也能够很好地理解蔡元培先生的"美育代宗教"的思想。

丰子恺说，生活分为物质生活、精神生活、灵魂生活。对于鸡血玉的美的探讨，实际上也就是沿着物质、艺术、灵魂三个视角来推演，相信随着时间的推移，鸡血玉将在我们物质、艺术、灵魂生活中，作为美的信物、美的信使。

美，是一种享受。美丽能够直抵人的心灵，让人愉悦。

美，是一种力量。美在给人享受的同时，消除了心灵的疲惫，给心灵带来了活力、动力。荷马史诗《伊利亚特》记载，为争美女海伦，特洛亚人和希腊人之间的战争旷日持久，双方都拼尽全力！

美，是一种信仰。"故审堂下之阴，而知日月之行、阴阳之变；见瓶水之冰，而知天下之寒、鱼鳖之藏；尝一脔肉，而知一镬之味、一鼎之调。"见鸡血美玉，而知世间有物，能合瑰丽、高尚、永恒三者而自为一体。

人类是朝着美的规律来发展的。

美的最终胜利，是绝对的。

庄子所谓"备于天地之美，称神明之容"者，殆鸡血玉乎？"不管谁曾崇拜过神，他知道神活着。"不管谁崇奉鸡血玉，他知道鸡血玉的无上启示。

在一尊埃及的雕像上，有这样一句话：我就是一切，过去、现在、未来。借而用之：道合阴阳的鸡血玉，你就是一切，过去、现在、未来！

万载人间中国梦，

一轮旭日赤玉情。

参考文献：

①徐景洲：《贾宝玉、薛宝钗、林黛玉命名之寓意》，《阅读与写作》，1998（3）。

②姜革文：《神奇的桂林鸡血玉》，桂林：广西师范大学出版社，2012。

③李明、李思函、张德华编著：《中国新疆和田玉·红玉》，乌鲁木齐：新疆人民出版社，2008：2。

④刘道荣主编：《玉器收藏入门百科》，北京：化学工业出版社，2011。

⑤毛一心、苍志智、张玲玲编著：《中国玉石玉雕收藏鉴赏》，北京：人民邮电出版社，2011：189—190。

⑥张璐：《珊光瑚色旖旎红》，《中国之韵》，2017（5）。

⑦星占莉：《一枝珊瑚耀世藏》，《中国之韵》，2017（5）。

⑧斐翔：《彩钻，顶尖的宇宙精髓》，《商情·胡润百富》，2013（9）：52。

⑨贾兰坡：《"北京人"的故居》，北京：北京出版社，1958：41。

⑩广西壮族自治区文物考古训练班、广西壮族自治区文物工作队：《广西南宁地区新石器时代贝丘遗址》，《考古》，1975（5）。

⑪方辉：《论史前及夏时期的朱砂葬——兼论帝尧与丹朱传说》，《文史哲》，2015（2）。

⑫费孝通：《中国古代玉器和传统文化》，见张忠培、徐光冀主编：《玉魂国魄——中国古代玉器与传统文化学术讨论会文集》，北京：北京燕山出版社，2008。

⑬叶舒宪、古方主编：《玉成中国——玉石之路与玉兵文化探源》，北京：中华书局，2015：26。

⑭岳峰编著：《和田玉与中华文明：和田玉鉴定与收藏》，乌鲁木齐：新疆人民出版社，2013：128。

⑮张文德：《明与西域的玉石贸易》，《西域研究》，2007（3）。

⑯叶舒宪：《玉石里的中国》，上海：上海文艺出版社，2019：6。

⑰汪开庆：《中外优秀电影欣赏16讲》，杭州：浙江大学出版社，2008：3。

⑱唐正安编著：《桂林鸡血玉》，桂林：广西师范大学出版社，2013：55。

第三章

色之魅

一阴一阳谓之道

天地有大美而不言，此大美者，阴阳之道也。阴阳交感，万物衍生。宇宙万物就是阴阳的对立统一。伏羲所推的八卦，文王所演的《周易》，老子的《五千言》，一以贯之："道"。

道合阴阳，可以说是中华文化的灵枢。

从个人来说，阴阳合一，至关重要。中医核心理念，乃"阴平阳秘，精神乃治；阴阳离决，精气乃绝"。此理念救度无数无边众生。

从社会来说，阴阳合一，整体衍进。从历法来看，阳历一年，乃是以地球围绕太阳公转一圈计算；阴历一年，乃是以月亮圆缺十二次计算。阳历一年约365天，阴历一年约354天。我们先人协调二者之天数，采取了"置闰法"："十九年七闰"。他国或者阳历，或者阴历，唯独我们的先人使用阴阳合历：不畏繁难，只因有哲学观念的引领。

作为中国文化的最典型的物质符号——玉，是阴阳文化的达成者、体现者。

其一，玉能够沟通阴阳，传递能量。

红山文化的玉玦，多在巫师的耳边，沟通神灵；浙江嘉兴南河浜遗址甚至出土了《山海经》中的玉质"珥蛇"；古代将领手持玉斧指挥作战，生死之间，阴阳立见分晓；所谓"以玉作六器，以礼天地四方：以苍璧礼天，以黄琮礼地，以青圭礼东方，以赤璋礼南方，以白琥礼西方，以玄璜礼北方"，玉乃是通行天地四方的"全能通行证"。

其二，玉的本身，成就为阴阳合一的典范。

玉是"硬"和"软"的统一，质地坚硬，但视觉柔和。凡为玉石，必有硬度。和田玉的摩氏硬度为4－6；翡翠、鸡血玉约为7。因为光泽通透或地子具有流动感，温润细腻，玉，又有了软的感觉。《红楼梦》之"通灵宝玉"，"大如雀卵，灿若明霞，莹润如酥，五色花纹缠护"。"酥"者，柔也、软也。看起来软，捏起来硬。

玉，用以形容挺拔敦厚的男人：玉树临风，"君子之容纯乎？若钟山之玉"，"言念君子，温其如玉"。也用以形容娇美动人的女人：如花似玉，亭亭玉立，玉骨冰肌，"林有朴樕，野有死鹿。白茅纯束，有女如玉"。

玉既是神圣的，又是亲切的。中国近万年用玉的历程，经历了古代的神玉、巫玉、王玉几个阶段，玉分别代表着神灵、代表着沟通神灵的信物、代表着至高权力与森严等级。即使在今天，在所谓民玉阶段，玉作为品德的化身依然有着庄重与神圣的一面。玉又是亲切的：玉的首饰、把件、日用品，与人肌肤相亲，触之清凉细腻，视之温润瑰丽，听之清韵悠扬，如画、如歌、如童话。

玉能够代表精神世界，又能够代表物质世界。孔子形容玉有十一德，曹雪芹认为"玉是精神难比洁"。玉，一直就是精神的，灵魂的。玉也是财富的代表，早在先秦时期玉就是货币的一种。"珠玉为上币，黄金为中币，刀币为下币""金玉满堂""白玉为堂金做马"，都可以说明物质上的富足。

玉能够形容精彩的现实世界。李绍华先生在《桂林鸡血玉赋》中写道："以比君子，温润如玉；以喻烈士，宁为玉碎；以方清廉，冰清玉洁；以誉言辞，金玉良言。成人之美，赞为玉成其事；真理定律，乃称金科玉律。"玉又能够很好地表达虚拟世界。佛门如何？以玉雕佛、以玉供佛，历史悠久，疆域广大；法门寺号称舍利一样重要的影骨舍利也是玉做的。道教更彻底：神灵或在玉清宫，或在玉虚宫，地位最高的神灵干脆就叫"玉皇大帝"！

因此，抛开色彩来谈，玉的本身，已经是体现"阴阳合一"的"道"的妙物。而鸡血玉，因为独特的颜色体系，因为红与黑、红与白为主体，更可以成为直观可感的"道"的物质载体。或者说，就是"触目惊心"地在载"道"！一如佛舍利之于释迦牟尼，一如耶稣之于上帝。

鸡血玉的主色为红色。传统的颜色表达，或者以基质、地子来分，有"白地红""黑地红""黄地红"等；或者以颜色的种类多少来分，有"大红袍""乾坤料"（代指"黑地红"两种颜色，"贵妃料"则代指"白地红"）"刘关张""福禄寿喜""多彩"等；或者以红色的色相和明度分，有大红、粉红、淡红、紫红很多种。也有更加直观的表达，如"鸡血红""桃花红""彩霞红""玫瑰红"等。

本书的分类，试图脱离传统的航道，另辟蹊径。

正如本章标题，此处侧重从"道"或曰"阴阳"的角度来谈。文字和概念是人类的，笔者尝试采用"单与双""方与圆""曲与直""点与线""实与虚"等对比范式；鸡血玉是自然的，笔者尽量选择红与黑、红与白、白与黑的对比色彩。笔者试图从人和玉的互动表达，让人类的概念范式与鸡血玉的自然色彩形成某种共振，以凸显桂林鸡血玉的变化无穷又和谐美妙。

· 品名 | 吊坠

· 规格 | 3.5cm×2cm×0.8cm

·品名｜饰品

· 品名 | 吊坠

· 规格 | 4cm×2.5cm×0.5cm

春日光明
冬夜冷暗
我们息息相闻
各自圆满

· 品名丨 手链（两情相悦）

· 规格丨玉珠直径0.8cm

· 品名 ┃ 吊坠

· 规格 ┃ 6cm×5cm×0.5cm

・品名 ｜ 手链

・规格 ｜ 玉珠直径0.8cm

那滚烫的红色
是我们青春播种的朝霞

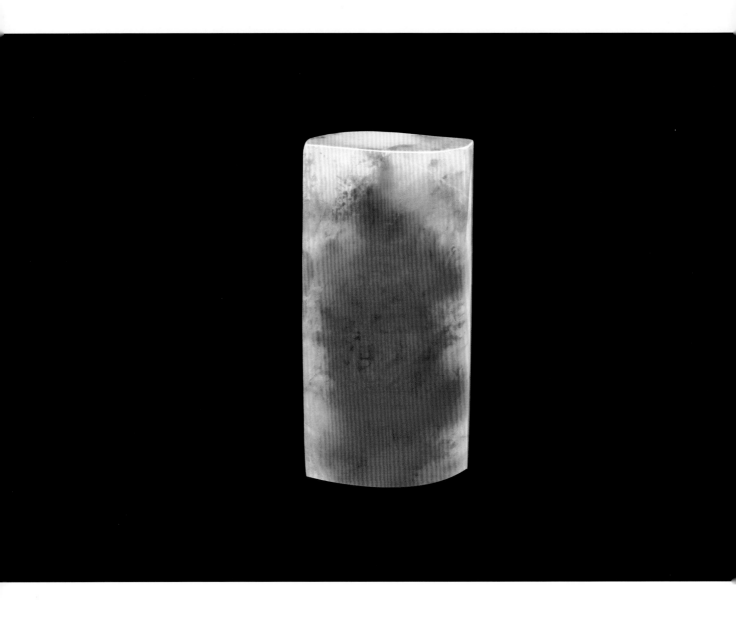

· 品名 ┃ 章材

· 规格 ┃ 8.4cm × 4.2cm × 1.8cm

玉侬词

你侬我侬，忒煞情多
情多处，热如火
我中有你
你中有我

· 品名 ┃ 玉牌

· 规格 ┃ 8cm×4cm×0.5cm（单个）

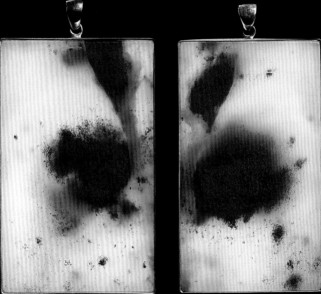

· 品名 ┃ 黑地红同心坠、白地同心坠

· 规格 ┃ 直径5cm　厚度0.5cm

· 品名 ｜ 多彩手镯

· 规格 ｜ 外径6.2cm 内径5.6cm

· 品名 ｜ 多彩印章

· 规格 ｜ 10cm×2.5cm×2.5cm

征服

就这样被你征服
切断了所有退路
我的剧情已揭幕
我的爱恨已出土

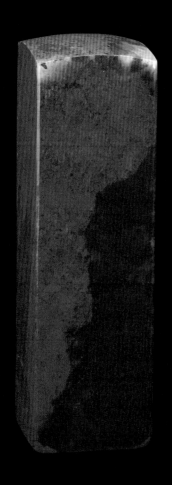
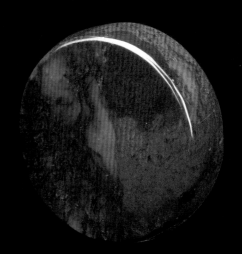

· 品名 丨 黑地红章材、黑地红手镯心

· 规格 丨 左：11cm×3.5cm×3.5cm　右：直径6cm　厚度1.8cm

"d" 调咏叹曲

d，在汉字中往往成为"的"
　你的，我的，他的
最终的"的"
圆满的地方就是空的地方

· 品名丨白地红手镯、白地红章材

· 规格丨左：外径6.3cm　内径5.7cm　右：16cm×3.8cm×3.8cm

· 品名丨黑色玉壶、黑地红印章

· 规格丨左：10cm×3cm×3cm　右：12cm×6cm×6cm

爱的漩涡

岁月的馨香伴着朝霞晚霞
款款而来
沉醉在圆周的深处
荡漾成烂漫的光芒

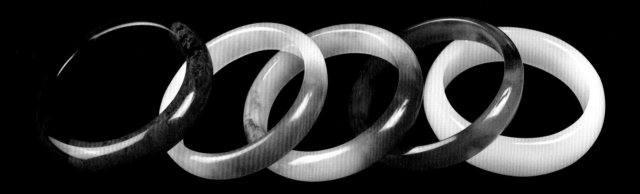

· 品名 | 五彩手镯

· 规格 | 外径：6.2cm 内径：5.6cm

当我们肩并肩

当我们肩并肩
天空的彩霞连成了一片
兄弟
那就是鸿运当头

当我们肩并肩
地上的鲜花连成了一片
兄弟
那就是一路荣华

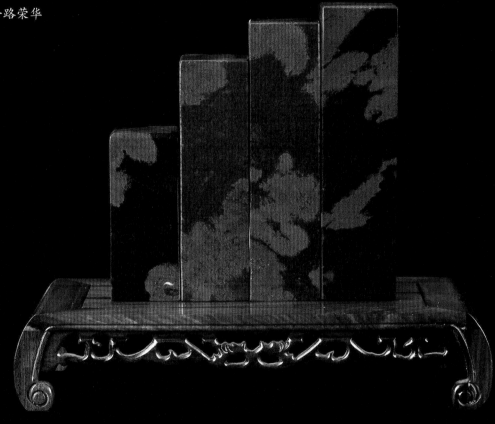

· 品名 ｜ 黑地红四联章

· 规格 ｜ 从左至右高度：7cm ＼ 10cm ＼ 11.5cm ＼ 12cm　底部：3cm×3cm

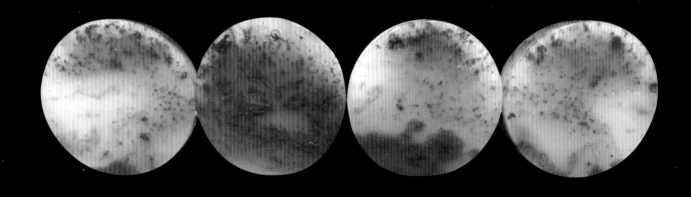

· 品名 | 鱼籽冻手镯心

· 规格 | 直径5.5cm 厚度0.8cm

几度试香纤手暖，
一回尝酒绛唇光。
伴弄红丝绳拂子，
打檀郎。

五代·和凝《山花子》

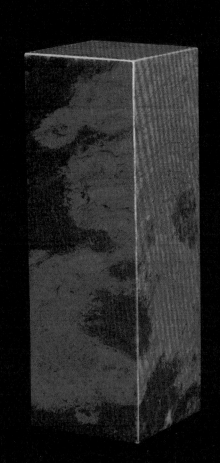

· 品名 ┃ 黑地红章材

· 规格 ┃ 15cm×5cm×5cm

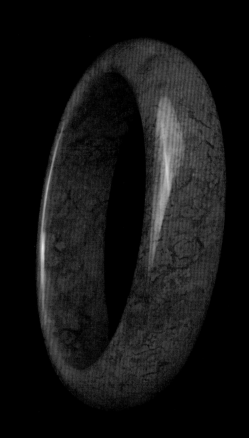

・品名 | 大红袍手镯

・规格 | 外径6.2cm　内径5.6cm

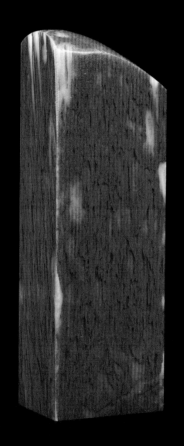

· 品名 ┃ 大红袍印章

· 规格 ┃ 12cm × 3cm × 3cm

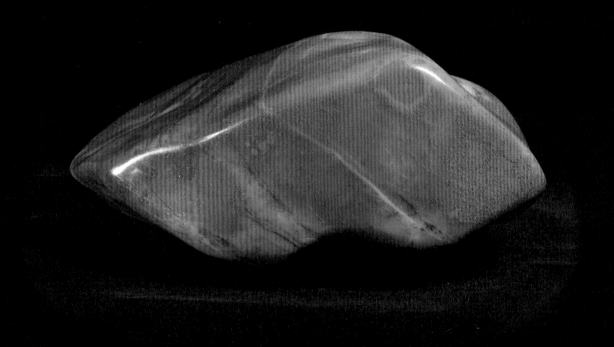

· 品名 ｜ 鱼籽冻切磨料

· 规格 ｜ 38cm × 25cm × 12cm

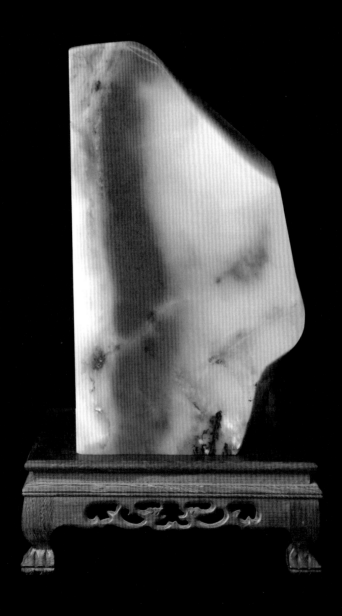

・品名 ｜ 白地红切磨料

・规格 ｜ 25cm × 12cm × 6cm

那河畔的金柳，
　　是夕阳中的新娘；
波光里的艳影，
　　在我的心头荡漾。

　　现代·徐志摩《再别康桥》（节选）

· 品名丨多彩玉牌

· 规格丨直径5.8cm　厚度0.6cm

传说

在书架上
在书与书之间
默然站立

与先贤圣哲
依次相遇
依旧相惜

经历了一次又一次的告别
你依然不言不语地
修行

· 品名 ｜ 白地红章材（传说）

· 规格 ｜ 16cm×4cm×4cm

无数轮回明因果
亿载赤玉见天心

· 品名 | 大红袍葫芦吊坠

· 规格 | 6cm×3cm×1.5cm

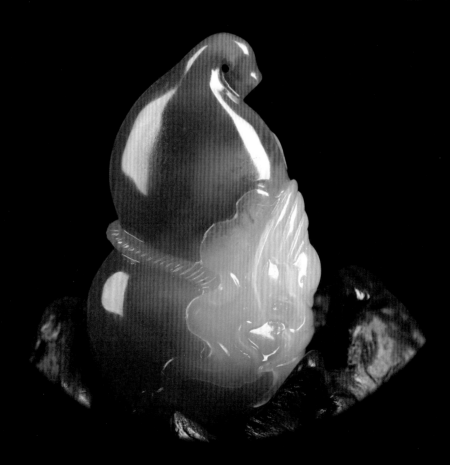

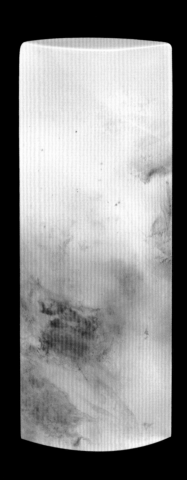

・品名 丨 多彩印章

・规格 丨 12cm × 3cm × 2cm

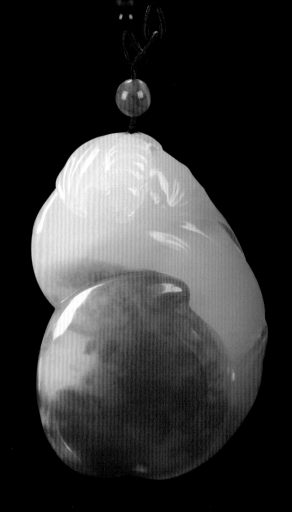

无题

春风吹槛
红艳凝香
从此，我爱一块玉
就像爱一个人

· 品名丨寿桃吊坠

· 规格丨8cm×4cm×2.5cm

・品名 ｜ 玉牌摆件

・规格 ｜ 8cm×4cm×1cm（单个）

实与虚

· 品名 | 镶嵌玉牌

· 创作者 | 李运杰

· 规格 | 8.5cm × 3.5cm × 0.8cm

鼻烟壶

把料配好
盖子捂紧
壶中自有天地
甘苦在心中
沧桑在心中
当我们相逢
时光就是一段沉香

· 品名 ｜ 鼻烟壶

· 创作者 ｜ 李运杰

· 规格 ｜ 8cm×3cm×3cm

· 品名 | 竹报平安吊坠

· 规格 | 8cm×2cm×2cm

寒雨连江夜入吴，
平明送客楚山孤。
洛阳亲友如相问，
一片冰心在玉壶。

唐·王昌龄《芙蓉楼送辛渐二首》其一

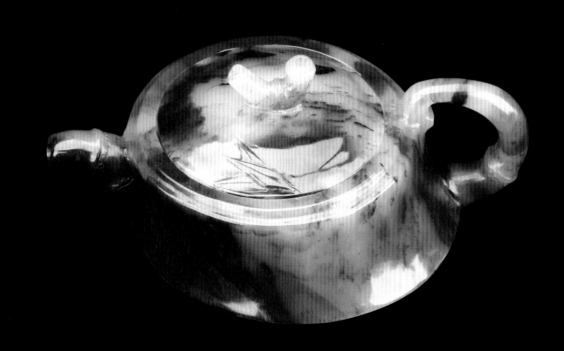

· 品名 ┃ 白地红玉壶

· 规格 ┃ 18cm × 12cm × 8cm

万念祈请虚空藏
一红点燃能量场

・品名 ｜ 黑地红毛笔

・规格 ｜ 直径1.5cm　长度18cm

· 品名 ｜ 梅花香插

· 创作者 ｜ 何木铿

· 规格 ｜ 12cm×8cm×7cm

第四章

艺之境

我见赤玉多妩媚，

料赤玉见我应如是

为什么说人是一种超越的存在？自然世界之外，人类还可以存在于伦理世界、艺术世界、宗教世界中。艺术的魅力，在于构建了另外一个世界，让人能够想象另外一种存在，体验另外一种存在。鸡血玉本身，是自然世界美丽的女神。人们将鸡血玉作为艺术对象，我们就有了本章的内容。

赋，情感铺陈。李绍华先生以铿锵的节奏，连接古代的时间和今天的空间，指向未来和远方。

书法是线条的艺术。用书法表现鸡血玉，具备了意象感，同时具备了旋律感。杨为国先生写的"鸡血王"，方圆结合，苍劲有力，如同鸡血玉颜色之天然奔涌。苏士澍、郑军健等两位书家，都写出了美玉般的瑰丽壮观。

绘画，高妙在似与不似之间。吴蓬先生用国画、汪开庆先生用油画，针对性地表现鸡血玉，进行了一场真实可感的"人神PK"。是自然的三维的鸡血玉有感染力，还是注入了人类智慧与情感的二维画面有感染力？林汉涛先生在摩氏硬度为7的硬玉上，绘出的人物，胡须飘逸，丝丝不乱，神情毕现，是一场精彩的"人神共舞"。

书、印、玉三者的结合，就有了林汉涛先生篆刻的《心经》、晓石先生篆刻的"丽江"等。不少论者认为：鸡血玉是硬地，硬度为7，一般需要借助电刀才能进行雕刻，刻出来的东西，甚至不能算艺术品。果真如是？其一，古人就敢于碰"硬"。公元前4000年开始，印章就在埃及出现了，而真正让印章大放异彩的当然是华夏子孙。我们的祖先没有现代工具就已经在硬度为5-7的玉上篆刻出很多印章，包括玉玺。和氏璧后来就成了玉玺。"印宗秦汉"，大约不会有人否认"皇后之玺""刘贺"一类印章的艺术水准，"硬地"一直有佳作。其二，衡量艺术品的标准不是工具，而是结果。荀子云："君子性非异也，善假于物也。"我们也知道，玉雕作品几乎都使用电刀，近几年玉雕"百花奖""天工奖""玉龙奖""神工奖"所评选出的作品体现出来的艺术魅力，也告诉我们：人类进步的轨迹总是与工具的改进相依相伴。

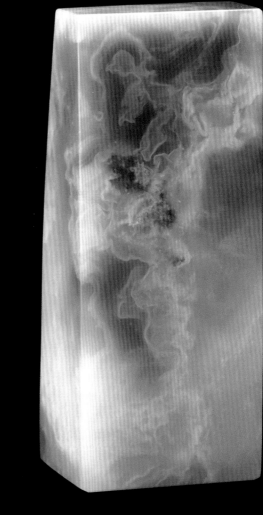

刘关张章材

16cm × 6.5cm × 5cm

桂林鸡血玉赋

李绍华

　　玉者，石之尊者也，生于石而美于石，出于石而胜于石。出于深山，蕴于远古，得天地之灵气，聚日月之光华。有金刚之坚硬，若凝脂之细腻。国人爱玉，尊为国石。才子佳人，玉不去身；仁人志士，尚玉如神。世世相传，代代相秉，美德所蕴，时尚新声。

　　圣人孔子，礼赞美玉，以玉之美，而比懿德。许慎《说文》，释玉五德，曰："玉，石之美有五德者，润泽以温，仁之方也；鰓理自外，可以知中，义之方也；其声舒扬，尃以远闻，智之方也；不桡而折，勇之

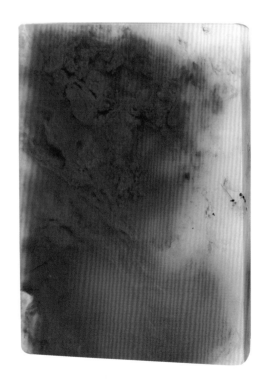

· 品名 ｜ 大红袍玉牌

· 规格 ｜ 6cm × 4cm × 0.6cm

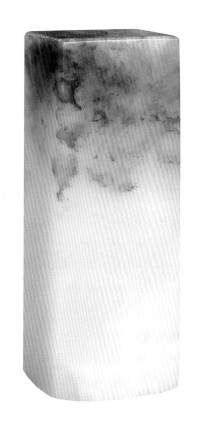

· 品名 ｜ 刘关张章材

· 规格 ｜ 15cm × 5cm × 4cm

方也；锐廉而不枝，洁之方也。"故以比君子，温润如玉；以喻烈士，宁为玉碎；以方清廉，冰清玉洁；以誉言辞，金玉良言。成人之美，赞为玉成其事；真理定律，乃称金科玉律。卞和为玉受刖刑，千古悲叹；相如怀璧发冲冠，万世敬仰！屈子食玉投江，慷慨悲歌；红楼金玉良缘，令人长叹。

　　玉者，美之别称也。喻佳人，亭亭玉立；比帅哥，玉树临风。美酒在樽，谓之琼浆玉液；佳品众多，谓之满目琳琅。粉嫩细白，谓之粉妆玉琢；雪山美景，谓之玉树琼瑶。

　　神州产玉，种类繁多。四大美玉，和田玉出于新疆，岫岩玉产在辽宁，独山玉存于河南，绿松石藏在湖北。玉之色有五，乃白、青、碧、黄、墨。沾黄带赤，乃上品极品。然迄于公元二零零六年，赤玉玉种，未露芳容。

　　考之典籍，载有赤玉。《诗经·卫风》："投我以木瓜，报之以琼琚。"《说文》释曰："琼，赤玉也。"《礼记·月令》载："孟夏之月，天子衣朱衣，服赤玉。"《汉书·司马相如传》亦云："其石则赤玉玫瑰，琳珉昆吾。"《三国志·魏志·挹娄传》记载："其地出赤玉好貂。"东汉之前，赤玉频现。此赤玉者，玛瑙也。红黄为贵，蓝绿为奇。茫茫华夏，赤玉何栖？

　　祖国南疆，八桂之地，山川形胜，石美洞异。桂林之北，五岭之阳，今名龙胜，古名桑江。享誉中外，天然温泉；叹为观止，人造梯田。钟灵毓秀，神仙眷恋。

　　岁在丙戌，二零零六，龙胜红玉，惊艳寰球。赤为主色，艳若鸡血，质地如墨，云霞明灭。吾友姜生，

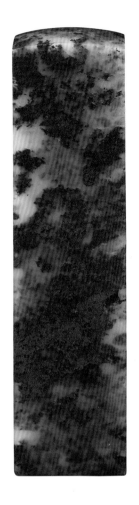

· 品名丨刘关张章材

· 规格丨19cm×4.8cm×4.8cm

酷爱此珍，一睹称奇，二看忘身。奇绝有五，天意玉成：阴阳五行，历史久长，赤色属火，归于南方，鸡血赤玉，果然深藏；红为"国色"，国人所尚，神州图腾，有龙翔翔，"龙"胜"赤"玉，二者并张；鸡爪山龙胜古有，鸡公岩峭立山后，玉名鸡血因色显，不意初现鸡爪山；神州崇玉八千载，"龙胜"得名何晚哉！乾隆雄万代，"隆""龙"含天机，六年龙胜立，是年竟属鸡；红玉之成成最早，红玉之现现最晚，红黄为贵世所知，大轴登场终璀璨。

此玉也，汲十亿年日月之精华，聚十亿载山川之灵气。生于名门，乃女娲补天未用之遗存；雪芹爱之，实宝玉与生俱来之灵符。红为主色，乃国人崇尚之色调；五彩斑斓，集诸玉之美于一身。其赤也，如火焰，如旗帜；若热血，若胭脂；似艳霞，似红花。兼巧匠大师，巧夺天工，遂使鸡血之玉，有金玉满堂、苍鹰翔翔，有彩霞天马、佛祖拈花，形状各异，仪态万千。更有造化独运，美意天成："独秀峰"一柱擎天，"漓江"边倒影连绵；"长江"滚滚，"黄河"滔滔；洪荒漫漫，"女娲补天"；洞窟幽幽，达摩悟道。

春　　　夏　　　秋　　　冬

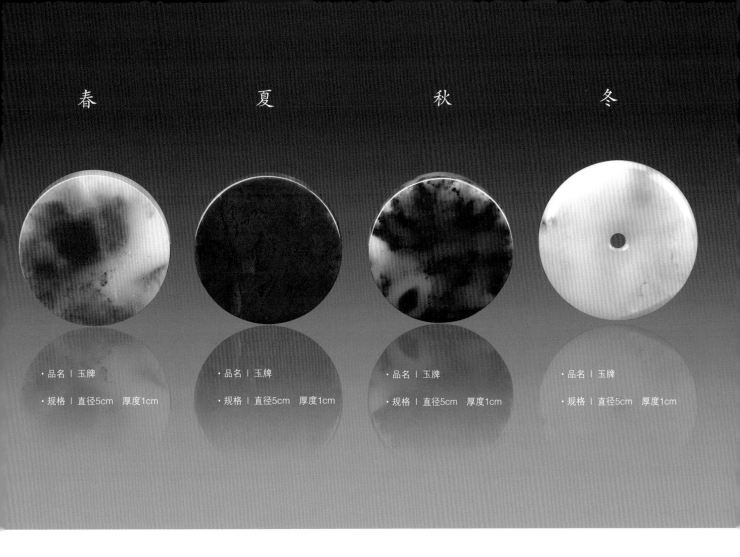

・品名｜玉牌　　　　・品名｜玉牌　　　　・品名｜玉牌　　　　・品名｜玉牌

・规格｜直径5cm　厚度1cm　　・规格｜直径5cm　厚度1cm　　・规格｜直径5cm　厚度1cm　　・规格｜直径5cm　厚度1cm

　　桂林鸡血玉，玉之新贵也。红尘滚滚，藏于深闺。姜生爱之，犹竹马之遇青梅。深山寻觅，不惧路途之遥；乡村贸易，何惜千金散尽。工余闲暇，寻之赏之探之；朋友相聚，言之称之示之。一朝东盟会，惊喜八面风。赠人玫瑰，手有余香。何以为国礼？何以赠高朋？君子比德，友谊桥梁，美玉入选，深孚众望！"我见青山多妩媚，料青山见我应如是。"以喻鸡血玉，亦如是乎？细小鸡血玉，含蕴大自然。情为所动，心之所托。诚如姜生所言："那里有生命的真趣，蕴藏了最高贵、最微妙、最不事张扬的温润与美……"感慨斯言，乃为斯赋。

公元2012年9月25日

注：姜生，指姜革文先生。此文发表于2013年2月《中国高新区》杂志。

李绍华：湖南溆浦人，文学硕士，副教授。著有诗歌集《情感的流云》等。

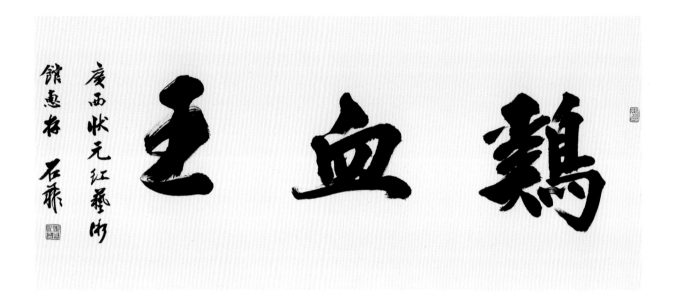

杨为国 1955年11月生，浙江杭州人，号石扉。发明了回宫格习字法，多次在中央电视台等处主讲书法，出版专著及回宫格系列字帖70余种，中国书法家协会会员、中国美术学院教授。

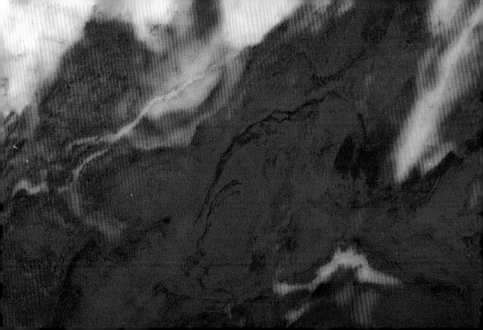

龙胜惊现巨型鸡血王

　　龙胜鸡血玉以黑地红为主，色彩丰富。白地红鸡血玉也常有，但很少有块重超过5公斤的"大料"（块重在5公斤以上的和田玉才能够成为特级品）。

　　近日，当地农民兄弟将山上滚到河里的重约10吨的无根石切割打磨，得到一块超过240公斤、令人惊艳的"鸡血王"。

　　此鸡血玉高82厘米，宽31厘米，厚29厘米，形为方墩，温润绵密，白里透红，有玻璃光泽。血色浓烈纯正、跌宕起伏，美轮美奂。（南方网2013年5月9日《龙胜惊现巨型"鸡血王"》节选）

郑军健　男，1954年生，广西恭城人，瑶族。大学教授，广西艺术学院书法专业硕士生导师，现为广西书法家协会主席。历任广西教育厅副厅长、南宁市副市长、广西国际博览事务局局长等。

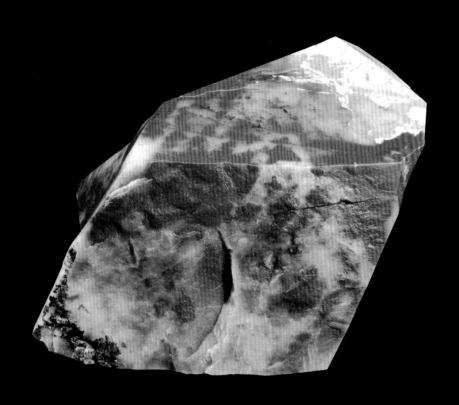

· 品名 ｜ 多彩切磨料

· 规格 ｜ 40cm × 30cm × 20cm

山水甲天下 赤玉下天冠 古玉古今

苏士澍　1949年3月生，满族，无党派人士，曾任中国书法家协会主席。现任全国政协常委、中国书协名誉主席、中华出版促进会理事长、清华美院书法研究所名誉所长。

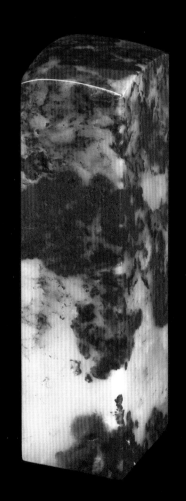

万般皆下品　唯有尚玉高

万玉皆下品　唯有赤玉高

· 品名 ｜ 多彩章材

· 规格 ｜ 25cm×6.5cm×6.5cm

神人PK

左边是鸡血玉印章，右边是仿印章油画，一边是老天爷的三维作品，一边是画家的二维绘画，谁更摄人心魄？

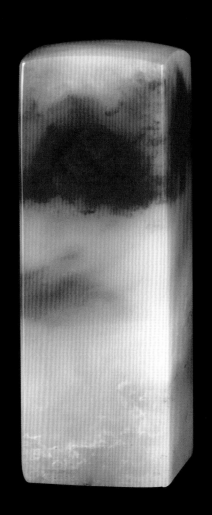

· 品名 ｜ 白地红章材

· 规格 ｜ 9cm×3cm×3cm

汪开庆　武汉大学新闻与传
播学院博士研究生，现任广
西大学艺术学院教授，硕士
生导师。

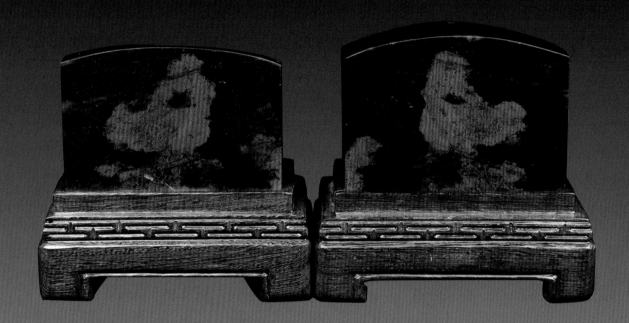

· 品名 ┃ 小鸡画面摆件

· 规格 ┃ 16cm×16cm×5cm（单个）

吴蓬 1941年生于浙江嘉兴石门，字稚农，道号无蓬。书法篆刻皆精。现已有《吴蓬画集》《砚田耕耘录》《芥子园画谱》（吴蓬临本 彩色版）等多种作品面世。曾为中国教育电视台国画教学之梁柱，中央广播电视大学音像出版社亦已出版其多种教学光盘。

· 品名 ∣ 鸡血玉玉面绘画（永乐宫壁画）

· 创作者 ∣ 林汉涛

· 规格 ∣ 10cm×5cm×5cm

· 品名 ｜ 鸡血玉玉面绘画（永乐宫壁画）

· 创作者 ｜ 林汉涛

· 规格 ｜ 10cm×5cm×5cm

杨其鹏 杨氏微雕第三代传人，非遗传承人。2009年被评为中国民协德艺双馨艺术家(安徽仅一人)。曾任安徽省政府参事、安徽省政协委员、安徽省工艺美术促进会副会长等。

· 品名 ▏ 篆刻印章（滚滚长江东逝水）

· 创作者 ▏ 杨其鹏

· 规格 ▏ 15cm×3cm×3cm

·品名 ｜ 篆刻印章（丽江）

·创作者 ｜ 晓石

·规格 ｜ 8cm × 4cm × 3cm

第五章

意之象

空灵神秘

即使身在"陋室"，我们喜欢整理房间。整理之后，整齐洁净，空间扩大了。我们向往大房子，因为有更大的空间。有了空间，然后会有"空灵"的感觉——当然，空间的意义，首先在于"我们"。艺术画面中，非常注重留白，"计白当黑""知白守黑"，那留白，乃使画面有了"灵的空间"。这个空间，是画家灵感之所在，是诗人灵魂之依托，是歌者灵想之声音，是中国人宇宙意识和生命情调之诗化，庄子的"淡然无极"之境是也！鸡血玉呈现的许多画面中，空灵虚幻，飘兮渺兮。"富贵花开，人生如意""火""迎客松""红人"……每一件经典玉画都体现着大自然的苍茫浩渺。这种空灵，超越了时间，超越了空间，展示的是自然的灵魂，留给欣赏者的是一个清新空灵的世界。我不由得想起简媜《谁来谁做主》的歌词："日头来读，有日头意；月牙来读，有月牙意；蝴蝶来读，有蝴蝶意；人来读，有人世香。"

根据已知的科研成果，4.3亿年前，绿藻摆脱了水域环境的束缚，进化为蕨类，登陆大地。1.4亿年前，新生的被子植物从裸子植物中分化出来，花、茎、叶，结构明晰，有了花开花落。而远在10亿年之前，鸡血玉的玉面上就出现了惟妙惟肖的花朵、枝叶图案！3.1亿年前，爬行动物出现，2.25亿年前，鸟类、哺乳类出现。而远在10亿年之前，鸡血玉的玉面上就出现了水中的鱼鳖、地上的牛羊、空中的飞鸟等惟妙惟肖的图案！约3600年前，我们有了最早的文字——甲骨文，而远在10亿年之前，鸡血玉的玉面上已出现了惟妙惟肖的汉字！

我联想起《金刚经》的经文："当知是经义不可思议，果报亦不可思议。"昊天之为物，其生不可思议，其变亦不可思议。乃念屈原，发浩荡之《天问》："遂古之初，谁传道之？上下未形，何由考之？"

霞光万道，有矫健的巨龙腾空而起。佛告弥勒："其第五佛，名曰龙胜，彼有十四亿菩萨，皆当往生。"（出自《无量寿经》）

佛、龙胜、鸡血玉，三者之间，也许有着某种不可思议的联系？

· 品名｜黑地红随形品（五佛龙胜）

· 规格｜16cm×9cm×3cm

· 品名 ∣ 黑地红方板（龙抬头）

· 规格 ∣ 36cm × 19cm × 8cm

五佛咏·龙抬头

你抬头的时候
世界安静下来，听候你的召唤
你翱翔的时候
世界打开心扉，欢呼你的滋润

·品名丨玉牌（龙抬头）

·规格丨7cm×4.5cm×0.2cm

故事新编——女娲补天

盘古开天辟地后，女娲用土仿照自己创造了人。不久水神共工与火神祝融大战。经过搏斗，共工大败，恼羞成怒，一头撞向擎天柱不周山(今昆仑山西北)。擎天大柱被撞折了，天塌了个大窟窿。从此，暴雨不止，洪水泛滥，人类陷入空前劫难。

女娲来到昆仑山，看到暴雨如注，心急如焚，她决心炼石补天。女娲在昆仑山炼了360天，共炼了363块五色石，补天用了360块。农历把女娲炼石的时间定为一年。补天余石3块，女娲把白色的留在昆仑山，派西王母把守；黄色和红色的分别置于云南和广西，派二龙把守，以备将来。女娲补好天后，又担心天塌下来，在南方做了一擎天柱，故有"天倾西北"的说法。擎天柱在今桂林市靖江王城内，孤峰突起，陡峭高峻，气势雄伟，人们叫它"独秀峰"，素有"南天一柱"之称。

洪水归道，天下太平。女娲十分欢喜。她安排人们婚嫁，教他们吹箫。至今云南的苗族、侗族均将女娲作为本民族的始祖加以崇拜。

公元前900年，在新疆昆仑山发现羊脂白玉。

2004年，在云南保山市龙陵发现黄龙玉。

2006年，在广西桂林市龙胜发现鸡血玉。至此，女娲补天余下的3块美石已全部找到。

以上就是中国迄今为止三个高端完美的玉种。发现黄龙玉与鸡血玉的地方，一个叫龙陵，一个叫龙胜。中国人又称"龙的传人"。

这是桂林鸡血玉中天然的人物神品。玉地纯净，构图精准，线条流畅，神态自然。

大片的墨玉展现辽阔的天宇，寂静而苍凉。鲜红的鸡血呈现女娲补天的情景，闪耀着伟大的母性光辉。女娲身材娇美，婀娜动人，高高盘起的发髻，别着玉簪，细长的颈脖，宽衣束腰。天风撩起她的霓裳羽衣，裙裾因为飘起而形成大幅褶皱。

· 品名 ｜ 黑地红随形珍品（女娲）

· 规格 ｜ 12cm×8cm×3cm

行也布袋，坐也布袋，
放下布袋，到大自在。

元·郑延玉《布袋和尚忍字记》

· 品名 ｜ 黑地红随形珍品（布袋和尚）

· 规格 ｜ 15cm × 12cm × 6cm

永恒不是一个不变的承诺

永恒不是一个亘古的定义

永恒是温情相对

永恒是默默相依

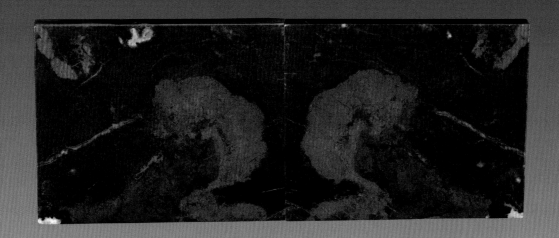

· 品名 ｜ 黑地红对板（红人面对面）

· 规格 ｜ 左：29cm×36.5cm×5.2cm　右：29cm×36cm×5cm

三姐迎宾

漓江之滨，舜帝来了又走了
全真留在传说里，石涛留在画图中
陈继昌留在石头和水泥的牌匾上
还好，刘三姐留在了鸡血玉里
这不，她仿佛要唱"只有山歌敬亲人"

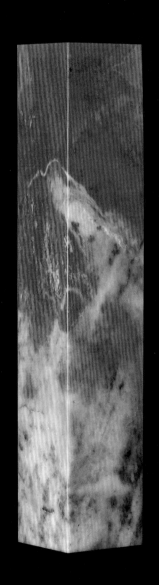

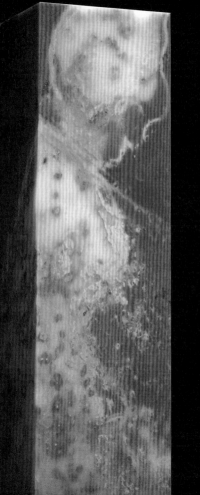

之外

英俊
在空间之外
遇见
在时间之外
惦念
在智慧之外

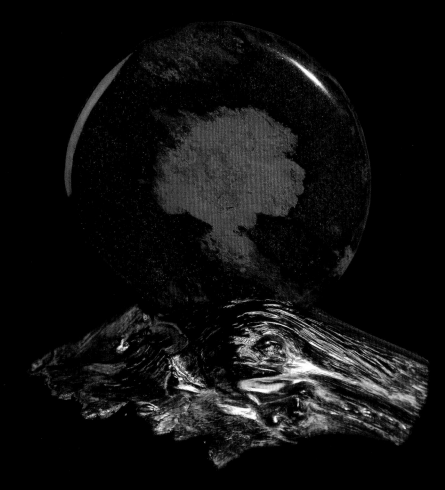

·品名｜黑地红随形摆件（大喉结的小伙子）

穿越10亿年，你一袭红装，胸口打着蝴蝶结，朝气蓬勃地迎面而来。
情，竟不知所起，一往而深。

祈祷

合上双手
合上双眼
清空心中所有内存
默念我的神灵
光芒照彻
无量无数无边的细胞安静下来
上下通透

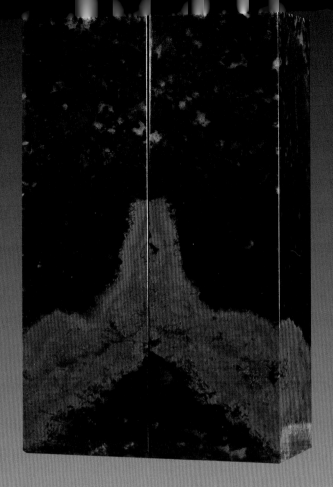

·品名｜黑地红对章（祈祷）

·规格｜15cm×3.5cm×3.5cm（单个）

・品名 ┃ 黑地红对板（双虎拜王）

・规格 ┃ 20cm×40cm×5cm（单个）

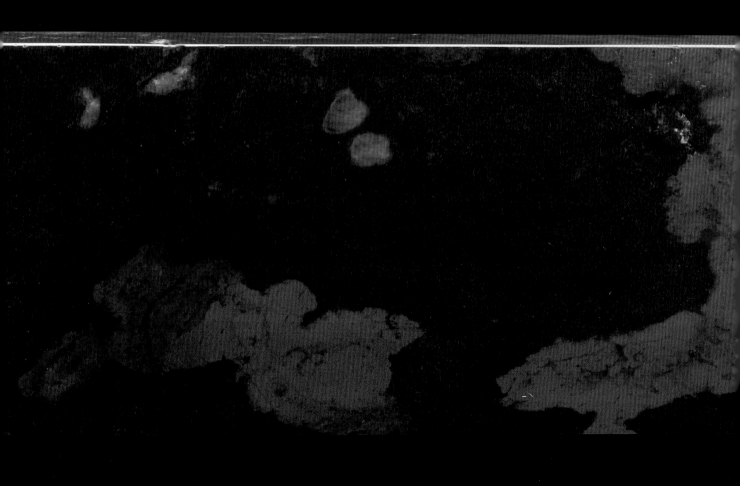

沧桑让我平静

时间为我加冕

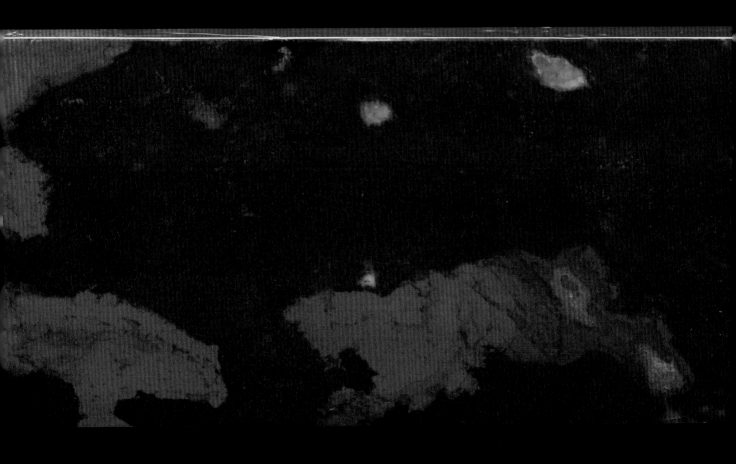

· 品名 ︱ 黑地红随形品（红人）

· 规格 ︱ 30cm×19cm×4cm

为天地立心　心为何物

法古今完人　人是什么

在寂静的夜色里
红色的火苗
把杂念烧得干干净净
只剩下
无边无际的
祈祷

· 品名丨黑地红对板（"火"）

· 规格丨78cm×30cm×6cm（单个）

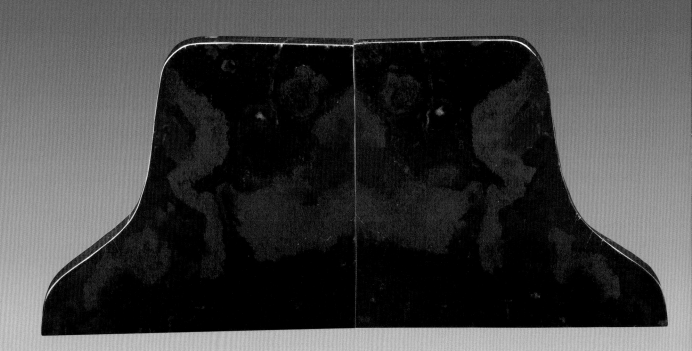

· 品名｜黑地红对板（"金"）

·品名丨黑地红对板（"八"）

· 品名 ｜ 黑地红随形品（鹰）

· 规格 ｜ 35cm×30cm×6cm

从前，看到李苦禅先生画的鹰，名曰《远瞩》，迥立高处，元气淋漓。今见"上帝之作"大红鹰，天风吹羽，傲然回首。两作品姿态神似，气势如虹，熟视良久，真不知今夕何夕。

虎啸夜林动，鼍鸣秋涧寒。
众音徒起灭，心在净中观。

唐·刘禹锡《宿诚禅师山房题赠》（之一）

·品名 ｜ 黑地红方板（虎）

·规格 ｜ 68cm×50cm×10cm

我是一匹来自北方的狼，
走在无垠的旷野中。
凄厉的北风吹过，漫漫的黄沙掠过。
我是一匹来自北方的狼，
走在无垠的旷野中。
凄厉的北风吹过，漫漫的黄沙掠过。
我只有咬着冷冷的牙，
报以两声长啸。
不为别的，
只为那传说中美丽的草原。

当代·齐秦《北方的狼》

· 品名丨黑地红对板（狼）

· 规格丨13.5cm×10cm×4cm（单个）

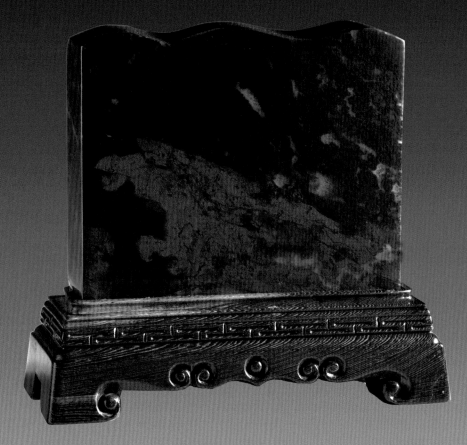

一洗万古凡马空

· 品名 ｜ 黑地红方板（天马）

· 规格 ｜ 17cm×22cm×3cm

你我久久携手，相互凝眸……
夜幕降临，钟声悠悠，
时光已消逝，唯我独留。

法国·现代·阿波利奈尔《米波拉大桥》

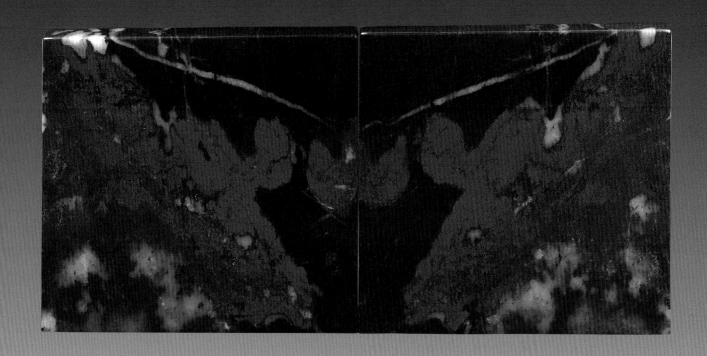

· 品名 ┃ 黑地红对板（牛气冲天）

· 规格 ┃ 20cm×20cm×2.8cm（单个）

读你

读你
隔着春天的黑箱
鲜艳地
你的芳香弥漫了所有的空间

· 品名 | 黑地红随形品（花开富贵，人生如意）

· 规格 | 33cm×21cm×10cm

你是一树一树的花开，
是燕在梁间呢喃，
你是爱，是暖，是希望，
你是人间的四月天。

当代·林徽因《你是人间的四月天》（节选）

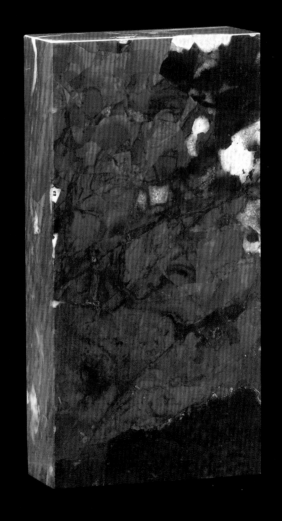

· 品名 ∣ 黑地红方墩（花丛）

· 规格 ∣ 41cm×20.5cm×9.5cm

玉见

迎客松问候凡尘
天地一逆旅
我亦一过客

"玉见"，遇见美好
平凡中原有那么多美善
自己不起眼的旧照原来藏有那么些可爱

每一次"玉见"都是深深的沉静
我以过客之名
向你致敬

黄河颂

一种文明
雄浑激荡
以奔腾的姿态
冲向前方

· 品名 ｜ 三彩方板（黄河颂）

· 规格 ｜ 16cm×8.5cm×0.8cm

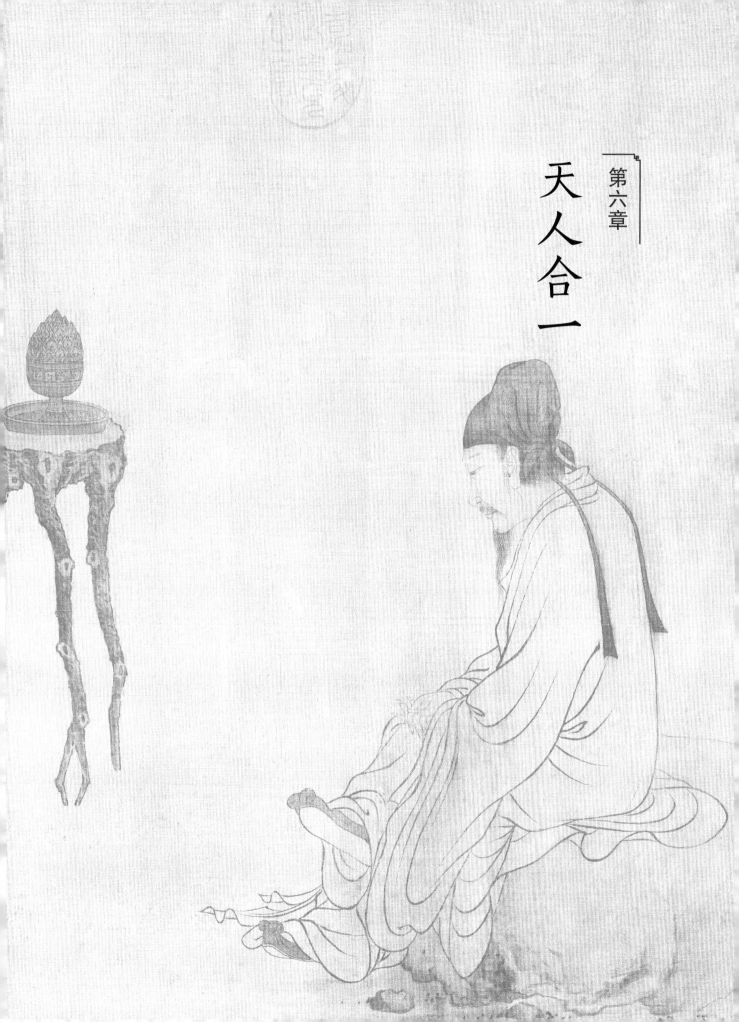

第六章

天人合一

玉雕分为选玉、读玉、雕玉、传玉四个阶段。

首先是选玉，此乃茫茫凡尘中人与玉的相遇，玉与人的结缘。

书法、绘画、篆刻等艺术，不需要创作者对材质进行选择、设计。玉雕则首先需要对材料本身进行精挑细选。人为万物之灵，选择的过程，人为主导。然而，玉也早非纯粹的自然之物。上万年的玉文化，是浩气奔涌，是精气凝结，承载着神州大地不同寻常的精神探险的历程。而玉本身，则成为炎黄子孙不能回避的血缘式的名词，成为充满灵性、让人敬仰的"活物""灵物"。在我们的文化中，不但有"佛缘""人缘"等说法，"玉缘"同样令人期待。玉雕师在芸芸众"玉"中，精挑细选，众里寻他千百度，蓦然回首，那"玉"却在，灯火阑珊处。选玉，我看到了说不清、道不明的神秘的"玉缘"。毕竟，不是每一棵大槐树都会说话，不是每只青蛙都能变成王子，不是每只田螺都能够变成田螺姑娘，不是每位白蛇娘娘都会遇到许仙。不是每一块玉，都能够遇上"一雕就灵"的玉雕师。

和田玉是最常用的玉雕用材之一。和田玉有俏色，但多为皮色。针对和田玉那点皮色，虽有"巧妇"，往往只能做点"稀饭"出来。水晶等多为纯色玉石，玉雕师虽有创意，作品问世之后，很容易被抄袭。或有色彩缤纷者，终究没有"国旗红"的鸡血玉这般动人、这般容易出彩。鸡血玉乃是火山爆发时一次成色。火山爆发，各种元素奔涌凝结，血色走势千变万化，鬼神莫测。雕刻者即使很有技法，断然无法"照葫芦画瓢"，而需要依色赋形。陆游谈诗歌创作时，云："功夫在诗外。"借而用之："功夫在雕外。"所谓法无定法，法可法，非常法；须"不立文字，教外别传"，方可造就一方风景。

其次，是读玉。读玉尤须"心领神会"。

在一对一的接触中，目读千遍、心萦万回，玉石界有句俗语："一读胜千雕。"玉雕，追求三重美：一是玉本身的美。温润、坚韧，"五德"令人崇尚。二是个性的美。玉雕师因材施艺，作品有了个性，有了灵魂。三是文化的美。这种美，不只是雕刻者自己知道，也能够让欣赏者悠然心会。天地人，同为三才。无论文学、中医、天文，还是中国哲学，设置了很多对应点，传达着人与自然的神秘感应。中国有个成语：心领神会！"意会""心会"之后有"神会"，所谓不落言筌、直指人心。《周易》云："夫大人者，与天地合其德，与日月合其明，与四时合其序，与鬼神合其吉凶。先天而天弗违，后天而奉天时。"天才的玉雕师乃是"大人"乎?《周礼·考工记》："天有时，地有气，材有美，工有巧，合此四者，然后可以为良。"依色施巧，心手相应，然后有浑然天成。读玉，绝非语言表达，而是心神感应，是人与自然的默契；"心领神会"的创作者，才有实现天人合一的可能。

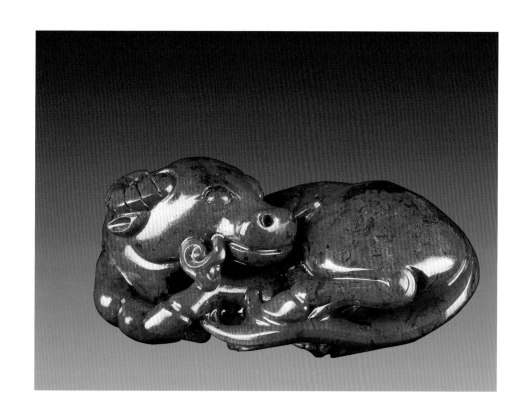

・品名 ｜ 牛含灵芝

・创作者 ｜ 颜桂明

・规格 ｜ 5cm×4cm×3cm

再次，是雕玉，让作品通达"上天"。

灯光下、刀笔下反复摩挲，去粗取精，化瑕疵为神奇，让玉焕发新生命。雕玉的过程，实际上是一个具有文化传承力量的新的生命的诞生过程。这里的天人合一，就是充分利用玉本身的特点，展现自然美的极致，这展示了人类的自信。人类正是在这种自信的心态下创造出通达"上天"的作品。

罗丹说："诸神听见你的话！"

这一阶段，我看到神对人类的无限热爱，我看到了人类对神的无限虔诚。

最后，是玉雕传玉德。

时光流转，玉雕师的"情"与"心"恒附于玉，随着时光流逝，不断演绎新的传奇。颜桂明大师的作品

心中的玫瑰（节选）

乔羽

在我心灵的深处
开着一朵玫瑰
我用生命的泉水
把她灌溉栽培

·品名｜玫瑰

·创作者｜何木铿

·规格｜18cm×10cm×6cm

"杜宾犬"，造型简约，却细腻传神、栩栩如生，充满生活情趣。杜宾犬鼻子黑白相间，白色通透，让人仿佛可以感觉到它的呼吸之声。本书雕件甚多，我们从这些雕件中，或者感受到至爱的人生滋味，或者怡然于至美的精神享受，或者体悟了至高的哲学境界，或者仰止圣人的灵魂高度。

　　天无语。玉亦无语。

　　天空没有翅膀的痕迹，但鸟儿已经飞过。大地留下赤玉的芳香，而美梦刚刚苏醒。

　　让我们赞美玉雕师、赞美神吧！

妙色吉祥观自在
清音朗润说心经

· 品名 ｜ 观音雕件

· 规格 ｜ 5cm×4cm×3cm

诗词篇句

豪情

兰为王者香，
芬馥清风里。
从来岩穴姿，
不竞繁华美。

清·程樊《咏怀》

・品名 ┃ 兰为王者香

・创作者 ┃ 杨孝泉

・规格 ┃ 28cm×19cm×9cm

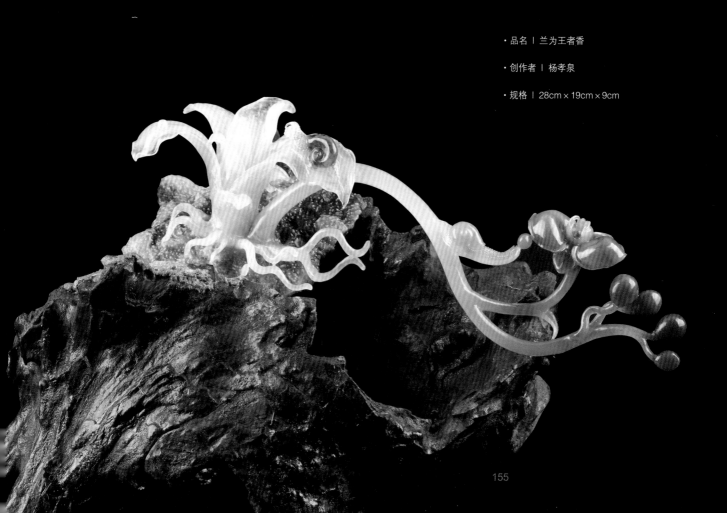

白日依山尽，黄河入海流。
欲穷千里目，更上一层楼。

唐·王之涣《登鹳雀楼》

・品名 ｜ 白日依山尽

・创作者 ｜ 陈绍德

・规格 ｜ 68cm × 29cm × 16cm

东临碣石，以观沧海。
水何澹澹，山岛竦峙。
树木丛生，百草丰茂。
秋风萧瑟，洪波涌起。
日月之行，若出其中；
星汉灿烂，若出其里。
幸甚至哉，歌以咏志。

魏·曹操《观沧海》

· 品名 ｜ 观沧海

· 创作者 ｜ 陈时云

· 规格 ｜ 50cm×42cm×20cm

国礼鸡血玉　　160

岱宗夫如何？齐鲁青未了。
造化钟神秀，阴阳割昏晓。
荡胸生层云，决眦入归鸟。
会当凌绝顶，一览众山小。

唐·杜甫《望岳》

· 品名 ｜ 会当凌绝顶，一览众山小

· 创作者 ｜ 陈时云

· 规格 ｜ 40cm×36cm×17cm

城阙辅三秦，风烟望五津。
与君离别意，同是宦游人。
海内存知己，天涯若比邻。
无为在歧路，儿女共沾巾。

唐·王勃《送杜少府之任蜀州》

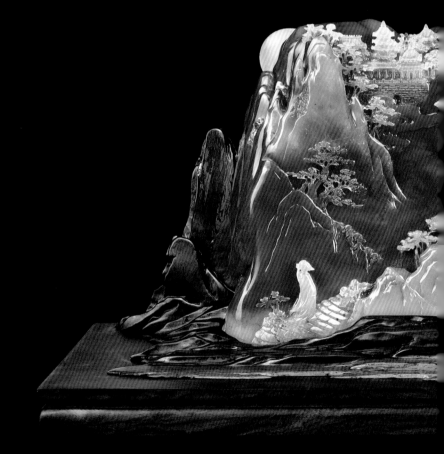

· 品名 ｜ 海内存知己

· 创作者 ｜ 梅向前

· 规格 ｜ 30cm×20cm×6.5cm

沉舟侧畔千帆过，病树前头万木春。

唐·刘禹锡《酬乐天扬州初逢席上见赠》摘句

· 品名 ｜ 沉舟侧畔千帆过

· 创作者 ｜ 蒋昌松

· 规格 ｜ 43cm×42cm×20cm

青海长云暗雪山，孤城遥望玉门关。
黄沙百战穿金甲，不破楼兰终不还。

唐·王昌龄《从军行七首·其四》

· 品名 ｜ 孤城遥望玉门关

· 创作者 ｜ 林建平

庭前芍药妖无格，池上芙蕖净少情。
唯有牡丹真国色，花开时节动京城。

唐·刘禹锡《赏牡丹》

· 品名 ｜ 唯有牡丹真国色

· 创作者 ｜ 林学威

· 规格 ｜ 26cm×21cm×11cm

蓬莱宫阙对南山，承露金茎霄汉间。
西望瑶池降王母，东来紫气满函关。

· 品名 ┃ 蓬莱宫阙

· 创作者 ┃ 吴裕华

· 创作指导 ┃ 王金厚

· 规格 ┃ 20cm×20cm×2.8cm

猛虎潜深山，长啸自生风。

南朝·谢惠连 《猛虎行》摘句

· 品名 ｜ 猛虎潜深山

· 创作者 ｜ 颜桂明

昔看黄菊与君别，今听玄蝉我却回。
五夜飕飗枕前觉，一年颜状镜中来。
马思边草拳毛动，雕眄青云睡眼开。
天地肃清堪四望，为君扶病上高台。

唐·刘禹锡《始闻秋风》

· 品名 ┃ 雕眄青云睡眼开

· 创作者 ┃ 林学威

· 规格 ┃ 58cm × 36cm × 12cm

星星之火可以燎原

· 品名 ｜ 星星之火可以燎原

· 创作者 ｜ 何木铿

本作品为点影雕刻。根据玉面天然颜色，玉雕师将人物、铁索、木桥、红旗点刻其上。真可谓老天泼墨，雕者点染。

得毛诗意境否？

· 品名 ｜ 大渡桥横铁索寒

· 创作者 ｜ 蒋昌松

· 规格 ｜ 60cm×38cm×15cm

· 品名 ｜ 万山红遍

· 创作者 ｜ 蒋昌松

· 规格 ｜ 14cm×4.5cm×4.5cm

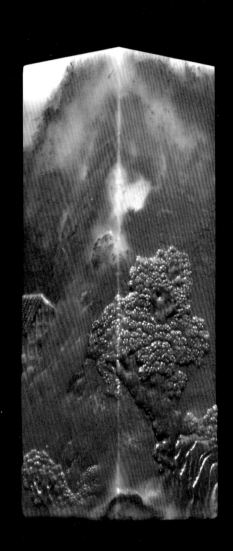

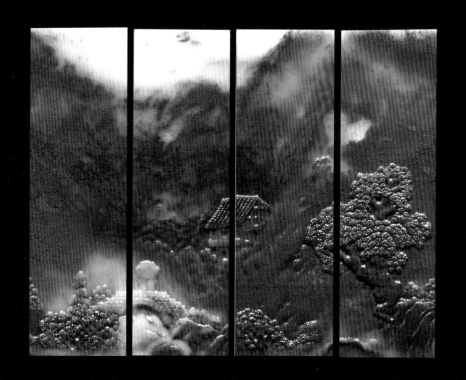

  作品将玉面白色部分，巧妙地勾勒为小桥流水，两人并肩远眺：毛泽东诗歌意境"看万山红遍，层林尽染"呼之欲出。作品以红色的中国山水构图，工艺上遵循好玉不雕的原则，将大面积的绚丽色彩和纹理作为深度远景，而近景中雕刻的小桥流水、古树村居，妙不可言。

我失骄杨君失柳，杨柳轻飏直上重霄九。
问讯吴刚何所有，吴刚捧出桂花酒。
寂寞嫦娥舒广袖，万里长空且为忠魂舞。
忽报人间曾伏虎，泪飞顿作倾盆雨。

毛泽东《蝶恋花·答李淑一》

· 品名 ｜寂寞嫦娥舒广袖

· 创作者 ｜林建平

·品名 ｜ 赤壁赋

·创作者 ｜ 陈时锦

·规格 ｜ 26cm×17cm×6cm

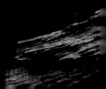

赤壁者，红色山壁也。
此玉细腻温润，红色如火，真
"赤壁"也！右上角白玉部
分，设计成"山高月小"，真
神助也。文武赤壁，令人慨叹
造物者之无尽藏也！

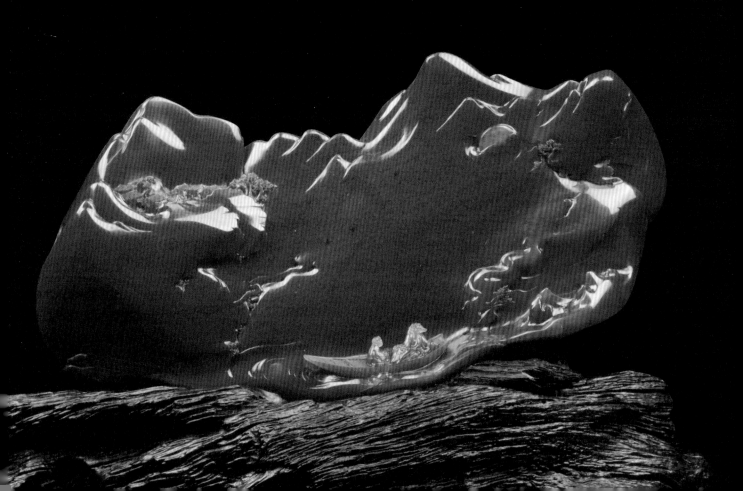

红叶引发的诗歌浪潮

后宫宫女们大多终生如惨淡的囚徒，她们题诗红叶随水流出宫城被人注意到并引发唱和浪潮，诞生令人唏嘘的故事。诗歌让天下红叶多了一份温馨。本雕件依唐人卢渥的红叶之缘创作。叶上诗云："流水何太急，深宫尽日闲，殷勤谢红叶，好去到人间。"

· 品名丨红叶题诗

· 创作者丨何木铿

"红杏枝头春意闹"，"闹"字清晰表达
了杏花竞相开放、春天生机勃勃。"一枝红杏
出墙来"同样体现了生命的劲道，但后世演绎
成多义。玉雕师在红杏枝头立上三只小鸟。见
仁见智，各有表达。关于美、关于爱，甚至关
于伦理和生命哲学。

・品名 | 红杏枝头

・创作者 | 何木铿

183

梦后楼台高锁，酒醒帘幕低垂。去年春恨却来时。落花人独立，微雨燕双飞。
记得小蘋初见，两重心字罗衣。琵琶弦上说相思。当时明月在，曾照彩云归。

宋·晏几道《临江仙·梦后楼台高锁》

·品名 ｜ 当时明月在

·创作者 ｜ 梁振明

红豆生南国，春来发几枝。

愿君多采撷，此物最相思。

唐·王维《相思》

· 品名 ｜ 红豆生南国

· 创作者 ｜ 何木铿

· 规格 ｜ 19cm×15cm×11cm

相见时难别亦难，东风无力百花残。
春蚕到死丝方尽，蜡炬成灰泪始干。
晓镜但愁云鬓改，夜吟应觉月光寒。
蓬山此去无多路，青鸟殷勤为探看。

唐·李商隐《无题·相见时难别亦难》

· 品名 ┃ 春蚕到死丝方尽

· 创作者 ┃ 林学威

· 规格 ┃ 18cm × 15cm × 5cm

懒起画蛾眉，弄妆梳洗迟。

照花前后镜，花面交相映。

唐·温庭筠《菩萨蛮·小山重叠金明灭》摘句

·品名丨照花前后镜

·创作者丨杨孝泉

你跟，或者不跟我
我的手就在你手里
不舍 不弃
来我的怀里
或者
让我住进你的心里
默然 相爱
寂静 欢喜

扎西拉姆·多多《班扎古鲁白玛的沉默》选段

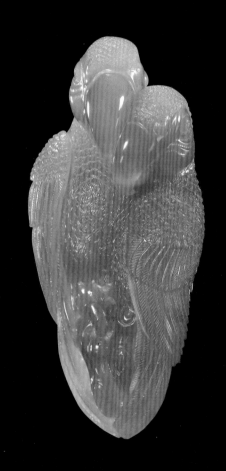

· 品名 ｜ 默然相爱

· 创作者 ｜ 郭石林

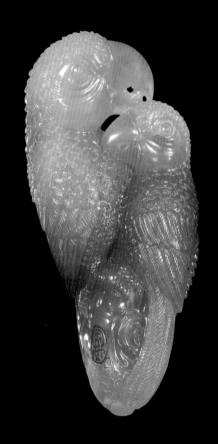

· 品名 ｜ 寂静欢喜

· 创作者 ｜ 郭石林

桃之夭夭，有蕡其实。

之子于归，宜其家室。

《诗经·周南·桃夭》第二节

· 品名 ｜ 桃之夭夭

· 创作者 ｜ 何木铿

· 规格 ｜ 27cm×24cm×11cm

蟋斯羽，诜诜兮。
宜尔子孙，振振兮。

《诗经·周南·螽斯》第一节

·品名 | 螽斯

·创作者 | 何木铿

·规格 | 16cm×13cm×7cm

螽斯，即蝈蝈。诜诜，言生育之众。此婚礼祝福诗恳切喜庆。雕件中的螽斯精气饱满；红色地子喜庆热烈。阴阳和合，点亮了"宜尔子孙"的想象空间。

丙辰中秋，欢饮达旦，大醉，作此篇，兼怀子由。

　　明月几时有？把酒问青天。不知天上宫阙，今夕是何年。我欲乘风归去，又恐琼楼玉宇，高处不胜寒。起舞弄清影，何似在人间。

　　转朱阁，低绮户，照无眠。不应有恨，何事长向别时圆？人有悲欢离合，月有阴晴圆缺，此事古难全。但愿人长久，千里共婵娟。

宋·苏轼《水调歌头·明月几时有》

· 品名｜千里共婵娟

· 创作者｜陈时云

· 规格｜75cm×45cm×30cm

桂林山水甲天下，玉碧罗青意可参。

　　南宋·王正功《劝驾诗·其二》摘句

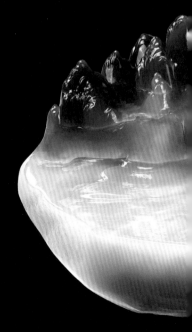

· 品名 ｜ 桂林山水甲天下

· 创作者 ｜ 陈时云

· 规格 ｜ 70cm×46cm×30cm

飞流直下三千尺，疑是银河落九天。

唐·李白《望庐山瀑布》摘句

· 品名 ｜ 飞流直下三千尺

· 创作者 ｜ 梅向前

孤村落日残霞，轻烟老树寒鸦，一点飞鸿影下。青山绿水，白草红叶黄花。

元·白朴《越调·天净沙·秋（孤村落日残霞）》

· 品名 ｜ 孤村落日残霞

· 创作者 ｜ 梅向前

月落乌啼霜满天，江枫渔火对愁眠。
姑苏城外寒山寺，夜半钟声到客船。

唐·张继《枫桥夜泊》

　　玉面上天然呈现一泓江水，两边
分别是秋月秋霜的银色、江枫渔火的
红色。作者巧妙地用浅刻工艺刻画了
寒山寺、枫桥、船。大自然、张继、
蒋昌松三方联手创作了神品。

·创作者 ｜ 蒋昌松

·规格 ｜ 32cm×29cm×9cm

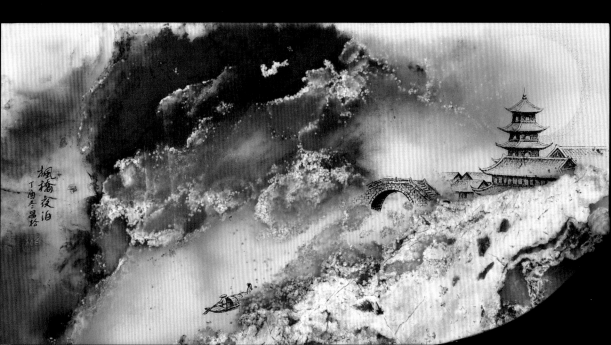

楼观岳阳尽，川迥洞庭开。
雁引愁心去，山衔好月来。
云间连下榻，天上接行杯。
醉后凉风起，吹人舞袖回。

　　唐·李白《与夏十二登岳阳楼》

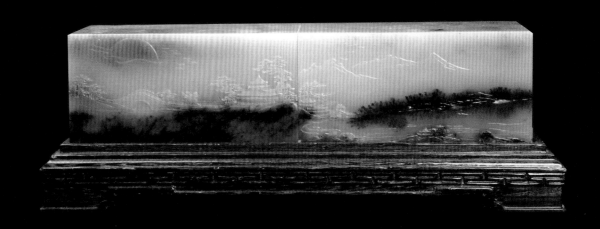

· 品名 ｜ 雁引愁心去，山衔好月来

· 创作者 ｜ 陈绍德

· 规格 ｜ 40cm×10cm×10cm

远上寒山石径斜，白云生处有人家。
停车坐爱枫林晚，霜叶红于二月花。

唐·杜牧《山行》

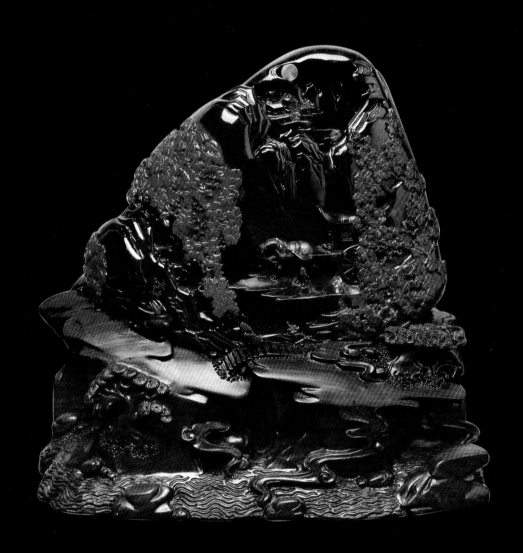

· 品名 ┃ 停车坐爱枫林晚

· 创作者 ┃ 宋世义

· 规格 ┃ 53cm×30cm×16cm

日出江花红胜火，春来江水绿如蓝。

唐·白居易《忆江南》摘句

· 品名 ｜ 日出江花红胜火

· 创作者 ｜ 梅向前

· 规格 ｜ 60cm × 50cm × 19cm

日啖荔枝三百颗，不辞长作岭南人。

宋·苏轼《食荔枝二首·其二》（摘句）

· 品名 ｜ 大吉大利

· 创作者 ｜ 林学威

· 规格 ｜ 18cm×6cm×5cm

竹外桃花三两枝，春江水暖鸭先知。

蒌蒿满地芦芽短，正是河豚欲上时。

宋·苏轼《惠崇春江晚景·二首其一》

·品名丨春江水满鸭先知

·创作者丨方建伟

"忽逢桃花林，夹岸数百步，中无杂树，芳草鲜美，落英缤纷。"作品以玉石的天然纹理作为构图主体。船、房屋、桃花树，系用浅刻工艺作点景刻画，画龙点睛。作品犹如泼彩写意山水画，色彩浓郁，画面飘逸洒脱。

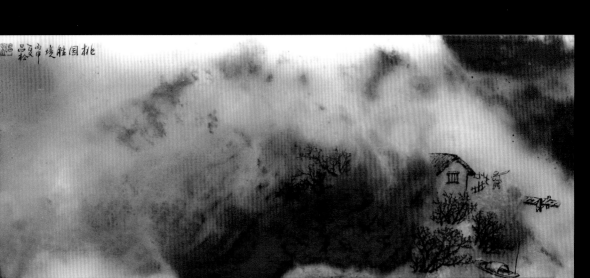

美与吉祥

相信

鹰说
翅膀在
天空不空
鲸说
洋流在
季节不空
我说
信心在
未来不空

· 品名 | 相信（鹰）

· 创作者 | 林学威

· 规格 | 67cm × 53cm × 40cm

· 品名 ｜ 鹏程万里

· 创作者 ｜ 陈绍德

· 规格 ｜ 85cm×61cm×35cm

独立花丛
静听松风
默念咒语
仰望星空

· 品名 ｜ 神鹰

· 规格 ｜ 20cm×11.5cm×4.5cm

国检鸡血玉

雄鸡一唱天下白
龙玉正说中国红

· 品名 ｜ 雄鸡一唱天下白

· 创作者 ｜ 秦志国

· 规格 ｜ 60cm×50cm×20cm

祝贺

生老病死遍及大千世界的每个时间和空间

神决定鼓励四苦中的芸芸众生

鸿运当头

祝贺！

喜来成双

祝贺！！

健康长寿

祝贺！！！

"竹"，谐音"祝"。"鹤"，
谐音"贺"；同时象征长寿。

·品名 | 祝贺！（竹、鹤）

·创作者 | 何木铿

・品名丨仙鹤灵芝

・创作者丨何木铿

七仙女绕过重重障碍
藏身龙胜
云朵晃来晃去，不敢近看
嘘——
你千万别打口哨

　　鹌鹑，可象征女性。"鹌""安"谐
音，昭示平安。

· 品名 ｜ 七仙女

· 创作者 ｜ 何木铿

· 规格 ｜ 28cm×10cm×10cm

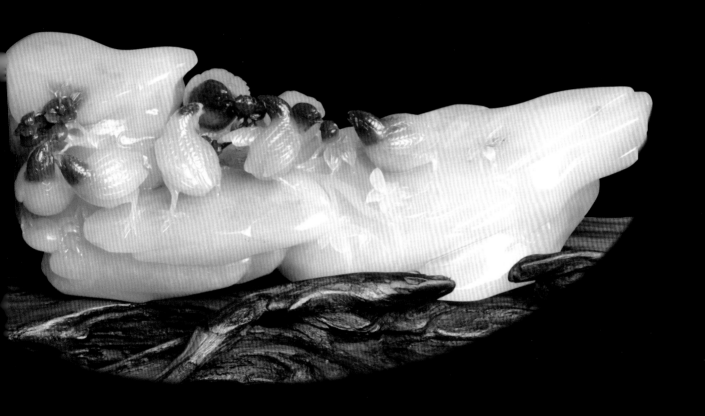

梅花的朋友，

你在惦念着哪一个山顶上的哪一块岩石？

· 品名 | 喜上眉梢

· 创作者 | 何木铿

高高的岩石上两只遗世独立的鸟，有黑斑的那只在说：我惦记着你的情爱，这就是珍宝，叫我不屑于与帝王对调。

· 品名 ｜ 石头上的情话

· 创作者 ｜ 何木铿

· 品名 | 冰雪红梅欢喜地

· 创作者 | 何木铿

· 品名 ∣ 清凉芳香说深情

· 创作者 ∣ 何木铿

冰雪含在梅花的唇边
冬天在摇摇晃晃
鸟的翅膀藏着春天的秘密
扑棱扑棱
随风远散

· 品名 ｜ 冰雪含在梅花的唇边

· 创作者 ｜ 林学威

· 规格 ｜ 40cm×31cm×20cm

赤玉鸟

春天是树梢娇嫩的叶子
清风是水面起伏的涟漪
月色是婚纱圣洁的褶皱
哦，亲爱的
你是赤色精灵瑰丽的芬芳

· 品名 ｜ 雕件（鸟语花香）

· 创作者 ｜ 林学威

· 规格 ｜ 16cm×13cm×7cm

春风她吻上我的脸
告诉我现在是春天
春天里处处花争艳
别让那花谢一年又一年

陈蝶衣《春风它吻上了我的脸》（歌词节选）

· 品名 ｜ 吻

· 创作者 ｜ 林学威

· 规格 ｜ 35 cm × 30cm × 25cm

天地是一座庙宇
蝉声就是庙宇的钟声
清新　超脱
唱着妙不可言的两个字
重生

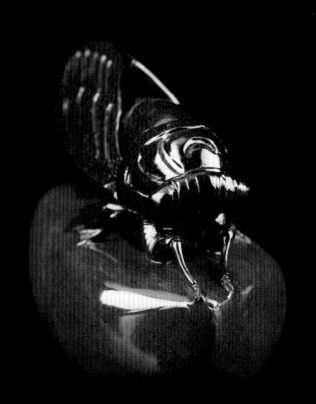

· 品名 ┃ 新生

· 创作者 ┃ 林学威

· 规格 ┃ 10cm×7cm×5cm

黑色地子纯任天然，掏洞栽上文竹。红色部
分雕成甲虫。甲虫的额头部分又是黑色。正
所谓：三生石上旧精魂！

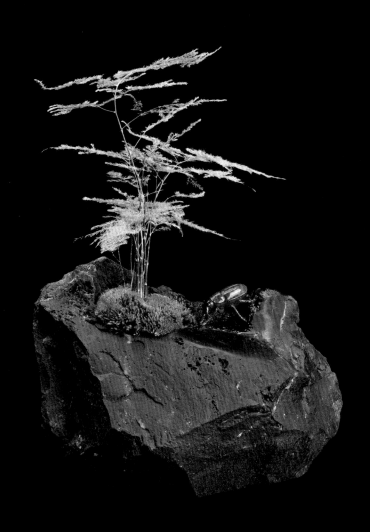

· 品名 ｜甲天下

· 创作者 ｜何木铿

· 规格 ｜20cm×11.5cm×4.5cm

邂逅

还记得吗

去年的这个时候小溪涨大水

在岸边的小树下

在一波又一波的浪涛边

我们邂逅了

风雨雷电之中

我们想象未来

风平浪静

遍地螺蛳

· 品名 | 邂（蟹）逅

· 创作者 | 李泽焱

·品名｜虾子

·创作者｜李清兴

情怀学美玉
宇宙即吾心

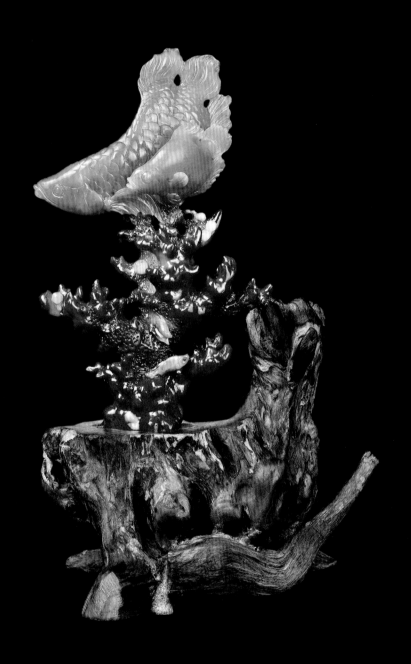

· 品名 ｜ 带子上朝

· 创作者 ｜ 林禄云

众生有梦
行者无疆

· 品名 ｜ 力争上游

· 创作者 ｜ 何木铿

闲花照水
金玉满堂

· 品名 ｜ 金玉满堂

· 创作者 ｜ 林学威

· 规格 ｜ 27cm × 24cm × 11cm

NaN237

一方土育一萝卜
无量道有无量光

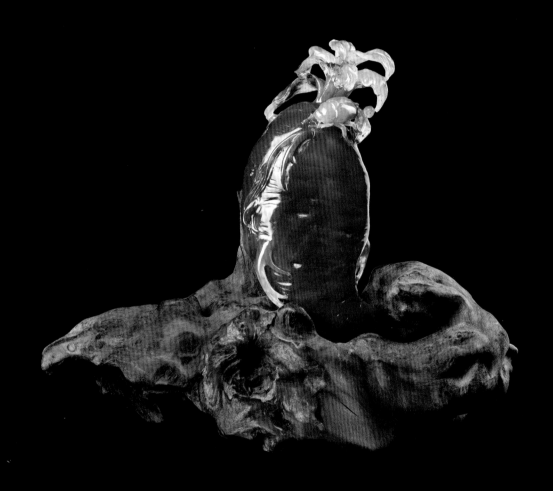

·品名丨红萝卜

·创作者丨何木铿

我不要荫庇
我要彻底裸露在烈日之下
好让每一个细胞
都有烈日的能量

· 品名 | 红红火火

· 规格 | 17cm×16cm×11cm

吐鲁番的葡萄熟了

瞿琮

葡萄园几度春风秋雨
小苗儿已长得又壮又高
当枝头结满了果实的时候
传来克里木立功的喜报
啊!姑娘啊遥望着雪山哨卡
捎去了一串串甜美的葡萄
吐鲁番的葡萄熟了
阿娜尔罕的心儿醉了
阿娜尔罕的心儿醉了

· 品名 Ι 葡萄熟了

· 创作者 Ι 何木铿

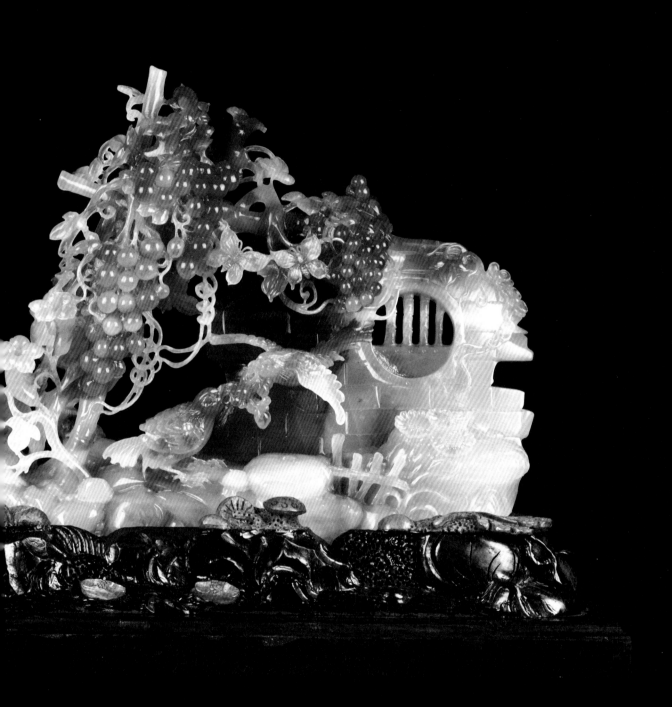

瓜花一时放
乾坤万载香

喜一瓜我有
祷天下丰收

· 品名 | 大自然的和声

・品名 ｜ 生机

・创作者 ｜ 魏友琼

・规格 ｜ 17cm×12cm×5cm

· 品名 ┃ 黑土地，红高粱

· 创作者 ┃ 陈绍德

也许

有一天

我会在秋天的风中

老成一片枯荷

但是我的心

仍然如朵朵红莲

在秋的深处

向你燃烧

· 品名 ┃ 枯荷

· 创作者 ┃ 何木铿

我来到红尘，就是要闻一闻荷花的香气。

· 品名 ｜ 荷花

· 创作者 ｜ 杨孝泉

雪莲

在天山上　在瑶池边
花瓣歇然乎白云之上
天籁空明
冰雪供养
你用无言的清丽和神仙对话
你以纯净的清馨为世界点香

· 品名 ｜ 雪莲

· 创作者 ｜ 梁振明

· 品名 | 瑞兽

三界英灵护佑
天地万物祥和

· 品名 ｜ 瑞兽

· 规格 ｜ 15cm×5cm×5cm

· 品名 ｜ 瑞兽

· 玉面篆刻 ｜ 杨其鹏

· 规格 ｜ 12cm×5cm×5cm

· 品名丨貔貅

· 创作者丨

· 规格丨cm×cm×cm

·品名丨竹园三杰

·创作者丨林学威

·规格丨32cm×30cm×10cm

· 品名 ｜ 杜宾犬

· 创作者 ｜ 颜桂明

· 规格 ｜ 14cm×8cm×6cm

· 品名 | 清流饮马

铁骨响铮铮，
奋蹄自有神。
双角朝天阙，
牛气满乾坤。

· 品名 | 牛转乾坤

· 规格 | 35cm×33cm×11cm

灵犀

灵巧、灵活、百灵鸟
总觉得"灵"是看不见或捉不住的神秘
直到看见你——"灵犀"

灵犀萃集了世间所有的慧觉神妙和大气庄重
亦如当初婚礼上握着爱人的手
准备一道泅渡生活的大海

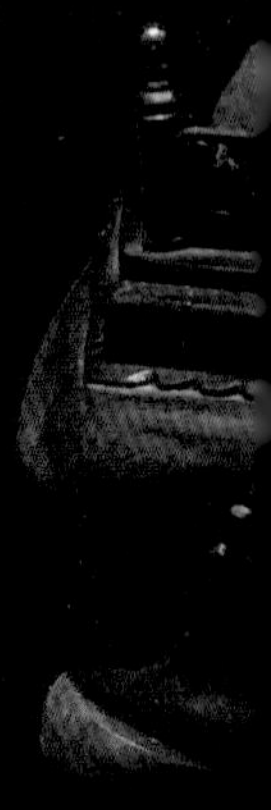

· 品名 ｜ 灵犀

· 规格 ｜ 30cm×15cm×12cm

· 品名 ｜ 钢笔

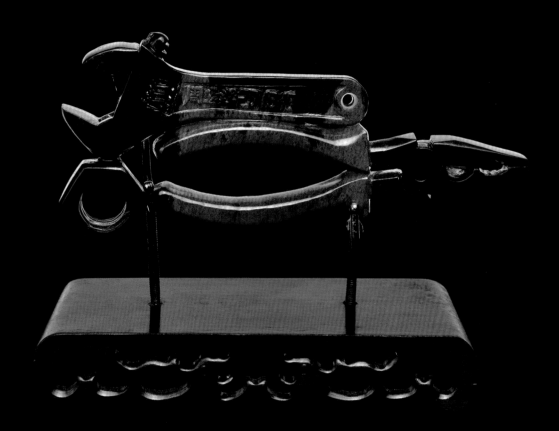

· 品名丨扭转乾坤

· 创作者丨周运学

池藏千万妙
梅孕天地春

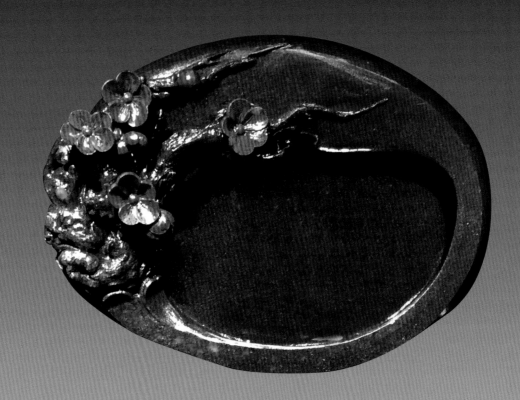

· 品名 | 砚台

笔洗

时间吞噬一切
空间涵盖一切
渺小的笔洗
总是平和地使得毛笔以崭新的姿态
让人类的记忆淡定地在时空中进行新的接力

· 品名 ┃ 笔洗

· 创作者 ┃ 何木铿

山中霜雾起
杯壶茗香生
举杯邀明月
山外有回声

· 品名 | 玉壶、玉杯

空

惯听山上风声雨声
惯听树下莺歌蝉鸣

轻轻抖落泥土
辉映 霓虹灯

裸露着妩媚
包裹着禅心

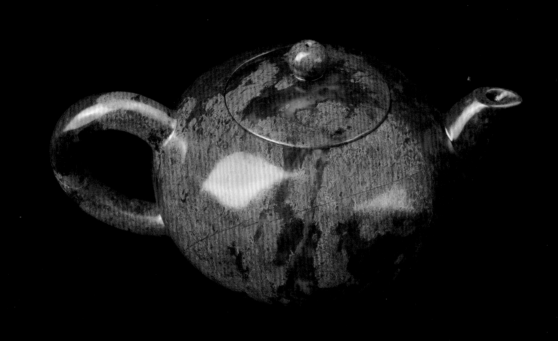

· 品名 ┃ 黑地红圆壶

· 创作者 ┃ 蒋昌松

· 规格 ┃ 15cm × 10cm × 8cm

且泡新茶

江河远寂，涵养鱼虾
天空远寂，放浪云霞
人生远寂，且泡新茶

· 品名丨黑地红方壶

· 创作者丨蒋昌松

· 规格丨15cm×13cm×8cm

红壶一盏茶

大雪纷飞的年夜
你跨越千山万水
归来探亲
我要用这把世间唯一的红壶
为你沏一壶千年古树茶
在炉火旁
聊我们的心事
然后明白
云淡风轻
一盏茶
胜过一场盛宴

· 品名 | 红壶

人物与建筑

· 品名 ｜ 牧童

· 创作者 ｜ 周凯

·品名｜红头巾少女

·创作者｜周凯

·品名 ｜ 观松图

·创作者 ｜ 李之年

· 品名丨孙悟空过火焰山

· 创作者丨林学斌

· 规格丨25cm × 16cm × 7cm

希腊神话中，普罗米修斯帮人类从奥林匹斯山盗取了火种。宙斯因此将他锁在高加索山的悬崖上，每天派一只鹰去吃他的肝，次日又重新长上，使他日日承受折磨。几千年后，赫拉克勒斯把恶鹰射死，解救了他。

雕件用浅浮雕的方式，体现普罗米修斯盗取火种、沉着冷静地奔向人间的关键时刻。火，是鸡血玉天然的红色奔涌，我们甚至感受到风在呼呼作响。

· 品名 ｜ 普罗米修斯之火

· 创作者 ｜ 杨世利

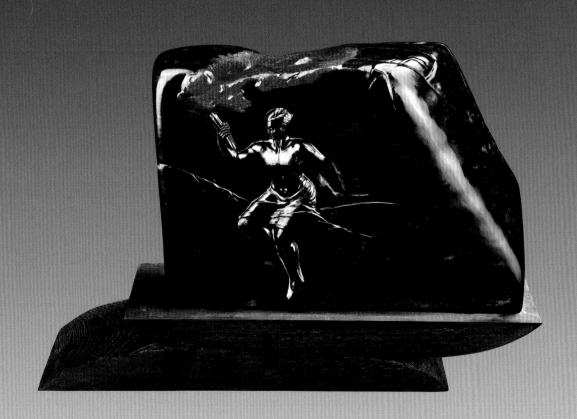

丝绸之路是德国人李希霍芬命名的"从公元前114年至公元127年间中国与中亚、中国与印度间以丝绸贸易为媒介的通路",现在,成为中国与西方往来通道的统称。作品中,玉石的玉化部分是长长的一线,作者雕刻成骆驼商旅和稀疏的植物;其余部分天然就像沙漠。雕件表达了人类征服自然、相互沟通的艰辛与信心,令人震撼。

·品名 ｜ 丝绸之路

·创作者 ｜ 林禄云

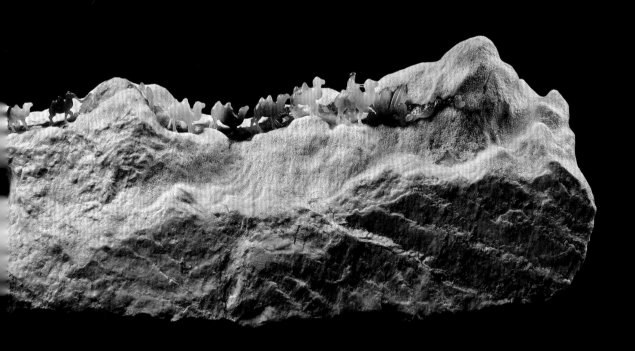

乡愁

乡愁是小时候伙伴们比赛捉拿的螃蟹
乡愁是回家时母亲举起的一缕又一缕炊烟
乡愁是没有年轮的树
身在外地，乡愁偶尔被零星的乡音点燃
照亮那螃蟹、那炊烟、那树
——和那常在梦中出现的老屋

·品名｜老屋

·创作者｜司延松

· 品名｜龙胜家和

· 创作者｜于雪涛

·品名丨琼楼玉宇

·创作者丨林建平

文化故事

龟兔赛跑

是的，我知道
兔子快，已经跑去玩了
不过，我一直都知道
终点和掌声的位置

·品名｜龟兔赛跑

·创作者｜李泽焱

·品名丨白娘子

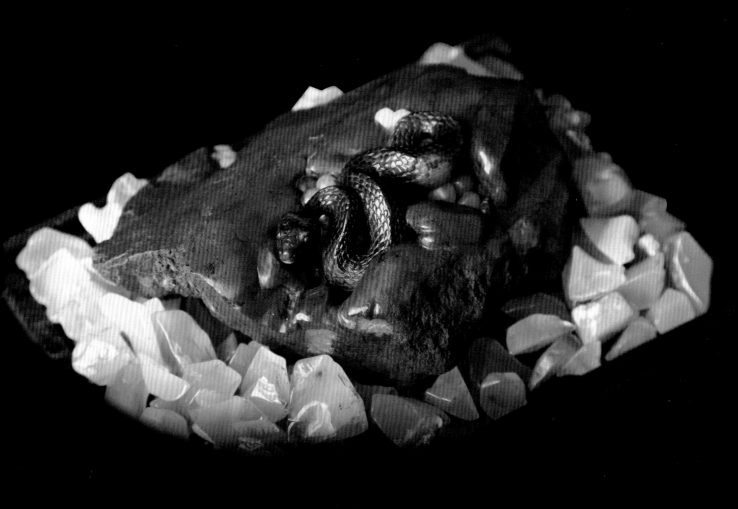

白蛇娘娘和小青都在，
还有一个主角没有登场。

·品名丨小青

·创作者丨李泽焱

九尾狐，一兆王者兴，大禹在涂山遇九尾狐乃娶涂山女，开启夏朝；二兆子孙旺，《白虎通义》直言其兆示"子孙繁息"。后世以狐之超强繁殖力迁移到超强性魅力，比之褒姒，是非多了。而今所谓超强性魅力大约不是贬义吧？雕件中狐狸的九条红色尾巴像旗帜在招展；躯干黑色透亮。红黑一体，神完气足，似乎可以随时发动，奔赴远方。

· 品名 ｜ 九尾狐

· 创作者 ｜ 林禄云

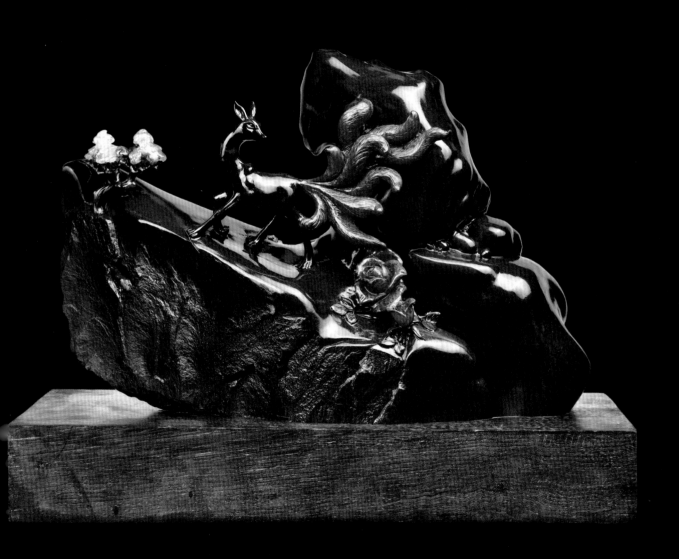

后世依照屈原名作《山鬼》作画者雕刻者不计其数。多数遵从原作：山鬼"乘赤豹兮从文狸"。也有作品将山鬼坐骑改成猛虎、狮子等其他猛兽。此雕件别出心裁，地点从山上变成海上，坐骑是龙。山鬼变成了海鬼！从山鬼到海鬼，是人类想象力的衔接、延伸，情感更加波澜壮阔。

·品名｜海鬼

·创作者｜杨孝泉

道家故事

· 品名 ｜ 鹤舞白沙

· 创作者 ｜ 林长征

· 规格 ｜ 45cm×18cm×12cm

苏轼《后赤壁赋》先写
"适有孤鹤，横江东来"，接
着"梦一道士，羽衣蹁跹"。
鹤是道教中的灵物，神仙化
身。道士也称羽士。雕件巧用
尚未玉化部分为底，水石清
漾；六只白鹤一字排开，嬉戏
清流之上，真神仙也！

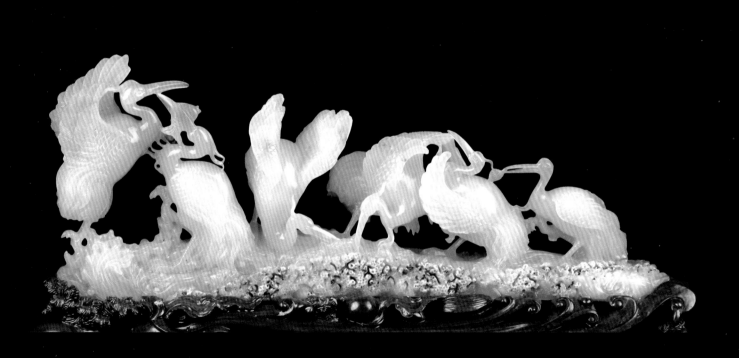

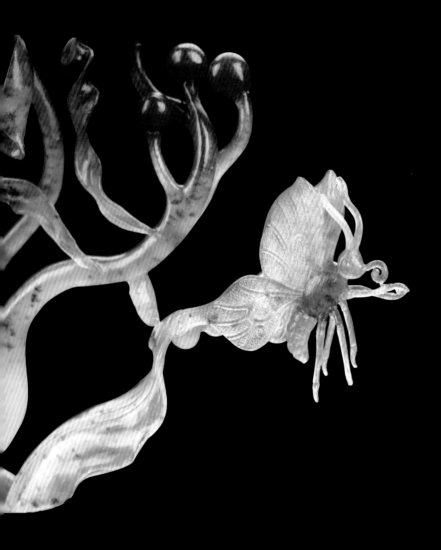

· 品名 ｜ 蝶梦庄周

· 创作者 ｜ 杨孝泉

庄子之"道"，有"造物者"，有"大宗师"；"阴阳"可敬畏："阴阳于人，不翅于父母。"妻子去世，他鼓盆而歌。其思想的本质究竟是什么？

　　"庄周梦蝶""蝶梦庄周"，万古之梦。

·品名 ｜ 庄周梦蝶

·创作者 ｜ 杨世利

· 品名 ∣ 太上玄微玉清宫

· 创作者 ∣ 梅向前

钟馗，道教神祇，专司打鬼驱邪。此雕件钟馗相貌神威可感，刚猛逼人，尤其是红色宝剑，天然俏色，锋芒指天，堪称一绝！

·品名 ┃ 钟馗

·创作者 ┃ 杨世利

雷震子，《封神演义》的原创人物，师祖为元始天尊。将星下凡，避雨时与姬昌相遇后被收为义子，现身时电闪雷鸣，取名雷震子。后误食师父的仙杏，变得面如青靛，且背肋下生出"风雷双翅"。战功赫赫，肉身成圣。

· 品名　|　雷震子

· 创作者　|　陈越

· 规格　|　24cm×12cm×10cm

· 品名 | 沉思罗汉

· 创作者 | 陈建有

· 规格 | 22cm × 15cm × 7cm

达摩

九年，你面壁无言
鸟在你肩膀筑巢
日光把你的身躯
刻在墙上
你用心抵达的地方
语言无法抵达
风雨无法抵达
我不知道
那是刹那还是永恒
是有还是无
是虚无的存在
还是存在的虚无

· 品名 ｜ 达摩

· 创作者 ｜ 刘东

· 规格 ｜ 50cm × 26cm × 8cm

一双手

两双手

无数双手

点无量无边心灯

照见五蕴皆空

度一切苦厄

· 品名丨千手观音

· 创作者丨林犇忠

　　宝宝佛，婴儿、孩童形象的佛。宝宝幼时纯净，欢喜，善良可爱。雕件俏色得当，面相安静醇和，衣着活力四射。令人欣喜安宁，初心常在。

·品名 | 宝宝佛

佛经中曼陀罗花即是"适意"，佛语"一花一世界"即是此花。雕件底部泥石自然，中间花叶舒展。花叶旋转，巧妙烘托中心与高点：远上有清净沙弥禅坐。

· 品名 ｜ 曼陀罗花

· 创作者 ｜ 何木铿

哪里有善，哪里就有净土
哪里有仁慈，哪里就有佛陀
哪里有信仰，哪里就有天堂

·品名 ｜ 法相庄严

·创作者 ｜ 李青山

释迦牟尼，古印度北部迦毗罗卫国净饭王之太子，母亲在他出生7天后去世，姨母将他抚养成人。29岁时有感于人世生老病死诸苦，舍弃王族生活出家修道。先学禅定，后单独苦修6年，转而到菩提伽耶毕波罗树下静思并且觉悟。35岁时在鹿野苑初转法轮，并逐步组成传教的僧团，开创佛教。80岁时于拘尸那迦城逝世。

佛像背面文字是藏文的"六字大明陀罗尼"：唵嘛呢叭咪吽。

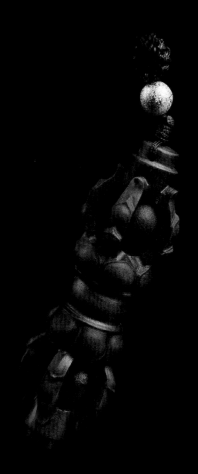

· 品名丨金刚杵

· 品名丨金刚杵

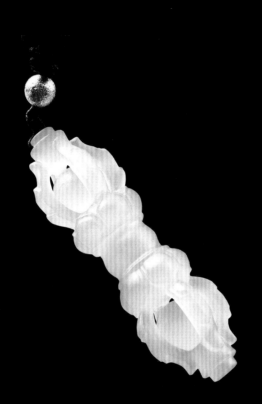

・品名丨金刚杵

灵鹫山，山顶似鹫，故名。玄奘记载："如来御世垂五十年，多居此山广说妙法。"此山佛陀圣迹尤多。

娑罗花，相传，摩耶夫人在蓝毗尼花园中手扶娑罗树产下悉达多太子，闻者无不欣喜。当时，纷纷如雨的娑罗花漫天飘洒。多年之后，释迦牟尼来拘尸那迦附近的娑罗树林，最后涅槃于两颗娑罗树中间，所有弟子痛哭不已。其时，纷纷如雨的娑罗花漫天飘洒。

雕件只对"灵鹫"进行轮廓的勾勒，并自然而然地凸显了灵鹫"住着灵魂的双眼"。用几朵娑罗花夸张地铺满山巅，对释迦牟尼之礼赞，尽在不言之中。

·品名｜灵鹫山上娑罗花

·创作者｜何木铿

林汉涛，1944年7月生，广西桂林人，民国篆刻巨匠林半觉之子。笔名林海、静之、钵园主人。现为中国书法家协会会员，中国泼墨书画研究会副会长。诗书画印，均有所成。

《心经》乃万经之王。这套作品，选取顶级黑地红印章，请林汉涛先生精心篆刻，耗时接近一年。笔法、刀法精到，且融入画意、禅意。这是目前为止最大的鸡血玉篆刻组章，是世界上第一套完整的鸡血玉的《心经》印章。

观自在菩萨　　　是故空中无色　　　舍利子　　　三世诸佛

·品名丨心经

·创作者丨林汉涛

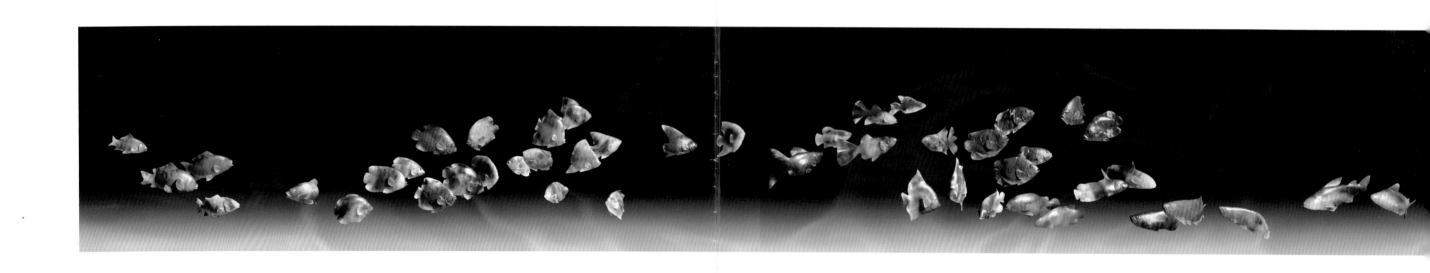

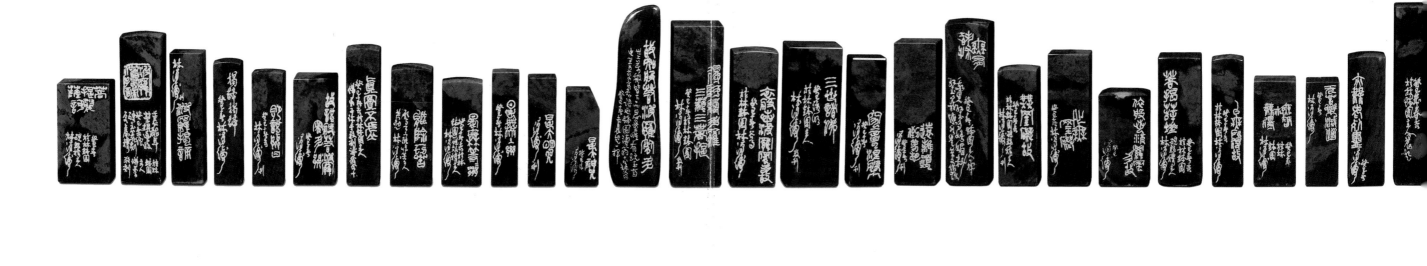

· 品名丨百鱼图

· 创作者丨蒋昌松

附 录

1. 阿披实·维乍集瓦，1964年出生，毕业于牛津大学。2005年2月，高票当选为泰国民主党历史上最年轻的主席；2008年12月15日，高票当选为泰国历史上最年轻的总理。

2009年5月27日，阿披实旋风式访问广州。每年的5—7月为泰国水果收获旺季，60%的水果销往中国，其中又有80%经广州"中转"。广东也是泰国旅游的目标游客集中地。在阿披实访问过程中，黎永新先生代表中华总商会向阿披实总理赠送一尊桂林鸡血玉瑞兽雕件。阿披实当即表示欣赏和感谢。

2009年5月，黎永新先生代表中华总商会向访问广州的泰国总理阿披实（前排左二）赠送一尊桂林鸡血玉作品《吉祥瑞兽》。

2. 2012年2月25日，经桂林市国土资源局和市民政局批准，桂林鸡血玉协会正式成立并在桂湖饭店举行揭牌庆典。中国观赏石协会寿嘉华会长专程到会祝贺并致辞，中国收藏家协会名誉会长闫振堂，桂林市政协主席粟增林，桂林市委副书记石东龙，桂林市委常委、副市长黄俊华到会祝贺。

唐正安当选为首任会长，秦立伟等人当选为副会长，秦连发当选为秘书长。

寿嘉华到会祝贺并发言。

桂林鸡血玉协会首任会长唐正安在成立庆典上与专家合影。左起依次为：吴国忠、唐正安、侯乙康、张家志。

3.白先勇先生，中国国民党高级将领白崇禧之子，著名作家。旅美学人夏志清教授曾说："白先勇先生为当代中国短篇小说家中的奇才，五四以来，艺术成就上能与他匹敌的，从鲁迅到张爱玲，五六人而已。"

2004年，广西师范大学出版社出版了他的一部作品集《青春·念想——白先勇自选集》以及新作《姹紫嫣红牡丹亭》。

2012年5月25日，先生回到家乡，回到桂林。

见到桂林鸡血玉，先生赞美良久。

广西师范大学出版社集团有限公司刘瑞琳总编辑（左一）将鸡血玉印章呈给白先勇先生（中）欣赏。

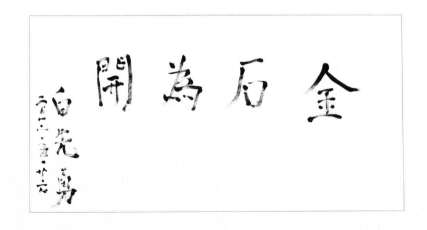

白先勇先生鼓励笔者锲而不舍地弘扬玉德，特意题写了"金石为开"四个字。

4. 第九届中国—东盟博览会上，桂林鸡血玉成为国礼，而贵州茅台酒厂（集团）习酒有限责任公司生产的习酒成为第九届中国—东盟博览会唯一指定白酒。受中国—东盟博览会组委会的委托，茅台集团在贵州举办了"第九届中国—东盟博览会战略合作伙伴座谈会"。笔者受邀参加。

受习酒公司的全程邀请，2012年10月17日，笔者（右三）参加了"第九届中国—东盟博览会战略合作伙伴座谈会"，并在会上发言。

笔者与中国—东盟博览会秘书处副秘书长王雷先生在赤水河边。

5.广西状元红艺术馆有限公司于2012年11月18日正式开业。公司系广西师范大学出版社集团全资子公司，是目前唯一一家国有全资经营鸡血玉的公司。

公司致力于鸡血玉珍品的收藏、销售与品牌推广，致力于弘扬玉文化，致力于提升每个人的生活质量与生命质量。

2013年11月18日，广西状元红艺术馆开馆时的全家福。前排左起依次为：副馆长周祖为、荣誉馆长唐正安、笔者、副馆长顾国富。

6. 《新民晚报》2013年5月18日B09版鸡血玉雕"金玉满堂"

    由广西状元红艺术馆与上海朵云轩联办的桂林鸡血玉品鉴会近日在朵云轩举行。桂林鸡血玉产于龙胜县，形成约10亿年前，属硅质玉，凸显红色。玉质细密、凝润，摩氏硬度达6.5～7，抛光后呈玻璃光泽，具有优异的雕琢和加工特性，像此次展示的"金玉满堂"摆件，是目前桂林市鸡血玉最顶级的雕件，依色附形，栩栩如生，充分展现了鸡血玉因材施艺的巧妙之处。

    俗话说：玉不琢，不成器。桂林鸡血玉色彩的丰富性使它在成像上具有无可比拟的优势，从一些匪夷所思的图像看，其线条的变化与洒脱，色彩的流动与交融所达到的恰到好处的状态，是大自然鬼斧神工的逸品，是一种不可复制、无法超越的精彩，在"金玉满堂"摆件中，雕刻者充分利用了颜色的过渡，使得红色的金鱼栩栩如生，颜色一点不做作，白色部分的水草则起到了很好的衬托作用。在玉石雕刻中，特别是利用俏色上，一定要顺色随形，完全利用玉石天然颜色与纹理，稍加切割抛光，可以达到乱真的程度，而鸡血玉无疑就是一种非常好的材质。

    在人们的传统概念中，新疆和田玉、辽宁岫岩玉、河南独山玉、湖北绿松石被称为中国四大名玉。但是在这四种玉石中，呈现血色者极为罕见，这无疑使得桂林鸡血玉在玉石领域占据着一席之地。相比鸡血石，由于导致红色成因不是汞，而是有助于健康的"三价铁"，因此更适合艺术家长期使用，艺术效果也更加持久。每一块鸡血玉，鸡血的浓淡、血量的多少、血脉的走向与分布，都各不相同，天造地设，适合"因材施艺"，可以让艺术家根据颜色的分布进行设计，雕刻出独一无二的精品力作。

品鉴会之后部分参会者在朵云轩的合影。左起依次为：张景开、颜桂明、林汉涛、吴德昇、笔者、周祖为。

7.2013年8月22日，受孔春琼博士的全程邀请，桂林市鸡血玉协会会长唐正安先生、副会长唐劲松先生与笔者从桂林飞抵香港，进行了为期两天的访问。

在香港期间，唐会长一行拜会了国务院前副总理吴桂贤女士。看到鸡血玉美轮美奂的图片，吴女士赞赏不已，期望产业能够带动民众致富，更期望用玉德来提升大众、提升人民的生命质量。唐会长邀请吴女士适当的时候访问桂林，吴女士愉快地接受了邀请。

在香港石澳高尔夫球俱乐部合影。左起依次为：笔者、孔春琼、唐正安。

在香港恒运环球物流公司。左起依次为：笔者、吴桂贤、唐正安、唐劲松。

8.2013年9月24日，教育部副部长郝平一行到广西师范大学出版社集团公司考察，认真听取了笔者的工作汇报。郝平副部长亲切庄严，仔细聆听，并认真翻阅了《思考中医》《姹紫嫣红牡丹亭》《宽容》等图书，肯定成绩，并勉励各位再接再厉。

之后，郝副部长一行参观了状元红艺术馆。谈到鸡血玉产业的发展，郝副部长指出：一是要具有投资理念，随着国民收入的不断提高，有价值的投资品，总是有良好的上升空间；二是要有国际视野，产品包装、设计，到公司的运营管理，要跟上时代步伐，要学习先进经验；三是要有服务的意识，为企业的多元发展服务、为提升百姓的生活质量服务，为提高大众的艺术鉴赏水平服务。

郝平先生后来成为中国首位"联合国教科文组织主席"，现任北京大学校长。

9. 2013年10月4日，中国民主与法制出版社社长肖启明博士偕夫人王晓燕博士、《新营销》杂志社联合主编何志毛先生到状元红艺术馆参观。

肖先生1987年7月进入广西师范大学出版社工作，成为建社元老之一。因为有润泽以温之仁，有其声舒扬之智，1998年，荣任第三任社长，摆开架势，对内强化培训，强调人文精神；对外开拓，成立贝贝特，花开五朵。声名鹊起，成就斐然。2008年3月，因业绩突出，调北京工作。

肖启明博士此前已经见过一些鸡血玉的专营店，他夸奖状元红艺术馆是顶级的，勉励大家提高艺术鉴赏水平，他期待玉文化与广西师范大学出版社提倡的人文精神互相辉映。

10. 郑炯文先生历任芝加哥大学东亚图书馆馆长、加州大学东亚图书馆馆长，1998年以来一直担任哈佛大学哈佛燕京图书馆馆长。我社在珍稀文献出版方面与哈佛合作很多，互相欣赏。郑馆长数次谈到：哈佛燕京在中国国内的出版社，就是广西师范大学出版社。我们深感惶恐，也深受鼓舞。2013年10月8日，郑馆长首次参观状元红艺术馆，连连惊叹："真美！真美！"

11. 2013年11月16日，著名地质学专家、中国观赏石协会科学与艺术顾问、桂林鸡血玉协会总顾问张家志教授，玉文化学者、中国工艺美术协会玉文化专业委员会副会长、中国玉（石）器"百花奖"组委会副主任李维翰研究员，中国民间文艺家协会副主席、"泥人张"第四代传人、清华大学美术学院张锠教授，《中国宝玉石》杂志社孟宪松社长、杨润京总编辑等一行人参观了广西状元红艺术馆。大家不时对状元红艺术馆美轮美奂的收藏品发出由衷的赞叹。

左起依次为：顾国富、杨润京、孟宪松、周祖为。

李维翰为推动鸡血玉发展，数次到桂林传道，并接待到徐州参观的我们。左起依次为：赵军华、姚前进、李维翰、笔者、陈丽娜。

12. 2013年11月26日，国家养成教育总课题组副组长、儿童发展研究中心核心专家皇甫军伟到广西师范大学出版社集团公司及状元红艺术馆参观指导。

皇甫先生曾多次在央视《实话实说》及《新闻会客厅》等栏目任特邀嘉宾。他于去年在我社出版了《家庭教育的捷径：以心养心》，风行海内外。

第一次看鸡血玉，如此娇艳，皇甫先生十分诧异。他熟知玉雕，跟多位玉雕大师过从甚密。对《金玉满堂》雕件，他认定"材质最佳，工艺上乘"，彰显了艺术与智慧的有效结合。雕件中的鱼，有激情，有理性的张力。更难得的是，琢玉者下刀的小心和谨慎，明显是对原石的高度尊重。他认为，真正的大师首先会尊重原石，敬畏自然，用一种对生命的虔诚来与玉进行交流，玉石遇上了大师，大师遇上了玉石，彼此幸运。

13. 2013年11月28日上午，版本目录学国宝级人物、中山大学图书馆特聘专家沈津先生（右）饶有兴致地参观了状元红艺术馆。

沈先生先后在香港中文大学图书馆、美国哈佛大学哈佛燕京图书馆工作多年，并于2011年卸任哈佛燕京图书馆善本室主任退休。沈先生欣赏鸡血玉所代表的"吉祥文化"，他说，玉是"国石"，红是吉祥，鸡血玉二者一体，真是难得。

沈先生特别欣赏鸡血玉篆印。沈先生认为，美丽的鸡血玉与篆刻这一古老的艺术形式的结合，是真正的自然与艺术的交融。

14. 2013年12月17日上午，中国作家协会副主席高洪波先生、著名儿童文学家金波先生等一行嘉宾在著名儿童文学家、接力出版社总编辑白冰先生的陪同下专程访问状元红。白冰先生也是资深玉石专家，对鸡血玉深为赞美。高洪波先生对玉器、瓷器等领域也颇有研究，出版过《品味收藏》的散文集。高先生认为，鸡血玉蕴藏着天地间的灵秀之气，也流泻着宇宙间的雄奇之韵。金波先生有近60篇作品被选入各个版本的语文教材中。金波先生说，当下国人对于美的感受日渐钝化，鸡血玉可以一定程度上提醒、改变这种状况。

左起依次为：白冰、金波、高洪波、笔者。

15. 2013年12月19日，由广西师范大学出版社集团旗下的《新营销》杂志社以及科特勒(中国)咨询集团，在北京大学博雅国际酒店会议厅，主办了"2013中国营销领袖年会"。

"中国营销领袖年会"是中国企业与全球营销智慧融合最广，中国营销领袖人物与会最多、规模最大、档次最高的顶级盛事，亦是营销人士一年一度最为期待的头脑峰会。联想公司、华硕公司、中粮集团、青岛啤酒、小米科技等企业高度重视，上述企业CEO或是营销负责人，纷纷作为演讲或对话嘉宾登台。精彩纷呈，美不胜收。

北京大学社会学博士、美国哈佛大学肯尼迪政府学院MPA，零点研究咨询集团董事长兼总裁袁岳，挟江苏卫视真人秀《赢在中国蓝天碧水间》之威，积多年研究之学养与实战之经验，对消费者进行重新分析定位，新见迭出，现场粉丝热情高涨。

米尔顿·科特勒（Milton Kotler），毕业于芝加哥大学，从师于著名经济学家哈耶克，是"现代营销学之父"菲利普·科特勒(Philip Kotler)之弟，全球顶尖营销顾问公司——美国科特勒咨询集团(KMG)主席，也是总部位于华盛顿的美中商务发展委员会主席兼创始人，在全球享有"世界营销实战大师"的美名。圣诞节之前专门从美国赶过来，殊属不易。他的演讲起承转合，幽默风趣，天衣无缝，倾倒一片。年销售接近300亿的青岛啤酒董事长孙明波先生，出于对其智慧的崇拜，一直随奉左右。

整体活动，演讲、对话、颁奖、抽奖、走秀，一浪接着一浪。其中，最为庄严的环节，就是致敬中国营销元勋，他们是年会组委会精选近30年来对中国市场贡献力巨大的六位推手：菲利普·科特勒、袁岳、叶茂中、艾丰、褚时健、史玉柱。有年轻的与会者对艾丰不是很熟悉。艾丰现任中国发展研究院院长，1992年，他是声势浩大的"中国质量万里行"组委会主任，发起和组织指挥了这一大型社会活动；是部级单位《经济日报》的前总编；在品牌树立等多方面功勋卓著。他们六位，对中国市场化的演进，功不可没，实至名归。

中央电视台广告经营管理中心主任何海明先生和笔者向获得了"中国营销元勋"称号的获奖者宣读致敬词，并颁发了证书、奖品。

元勋荣誉大奖的奖品由状元红艺术馆精心特制，用珍品级黑地红鸡血玉印章为材质，正面以魏碑体手刻"中国营销元勋"字样，外配上等雕花木盒。这是状元红艺术馆继去年

笔者在念颁奖词。

337

将桂林鸡血玉打造成中国—东盟国礼之后，又一次高端运作，让最具影响力营销大师们领略了桂林鸡血玉的亮丽风采。

当天晚宴上，一场名为"从此，爱一种玉，就像爱一个人"的鸡血玉走秀活动，把美女与美玉的精彩演绎得淋漓尽致，也把晚宴的气氛推向了一个高潮。状元红艺术馆从中国传媒大学请来顶级佳丽，演绎了这场精彩。中国传媒大学号称"气质美女最多的大学"，杜宪、敬一丹、周涛、陈鲁豫、李湘、欧阳夏丹等电视、影视美女，均出于此。中国传媒大学播音主持系的大四学生主持了这场活动。中国传媒大学模特队3位气质高雅、超凡脱俗的女学生踏着音乐的旋律，戴着或者拿着顶级的鸡血玉产品，表达了"人玉合一"的精彩。

演出用故事的形式讲述了鸡血玉的温润、美丽、圣洁、神秘。以《诗经》美文为串词，以中国古典音乐《春江花月夜》为背景音，由模特手持或佩戴鸡血玉印章、雕件、首饰等展示了鸡血玉的美轮美奂。主持人李志起董事长告诉我："大家看得太入迷，所以，尽管餐饮很丰盛，这期间都没有出去敬酒了。"

"中国营销元勋"荣誉大奖奖品——状元红艺术馆提供并负责篆刻的黑地红鸡血玉印章。

中央电视台广告经营管理中心主任何海明（左二）和笔者（右一）向获得了"中国营销元勋"称号的获奖者颁奖。

世界营销大师、美国科特勒咨询集团（KMG)主席米尔顿·科特勒在年会上演讲。

青春温雅的鸡血玉秀场节目主持人。

秀一秀鸡血玉的印章。

秀一秀鸡血玉的随形珍品。

秀一秀手腕上的手镯。

16 .2014年3月13日，桂林鸡血玉协会常务副会长唐小森（右二）、唐劲松（右一）和笔者一道，到中国地质大学（武汉）珠宝学院拜访院长杨明星教授（右三）、党委书记梁志教授（左二），就鸡血玉发展的相关问题向他们请教。

2014年5月19日至22日，应龙胜县政府的邀请，中国地质大学（武汉）珠宝学院院长杨明星教授、党委书记梁志教授，《当代广西》杂志社牙韩彰社长、李庭华总编辑一行到龙胜考察鸡血玉。状元红艺术馆负责全程的服务。

在参观了状元红艺术馆之后，杨明星院长这位业内顶尖的专家是这样说的："硅质玉，本来是最常见的玉种，但是，黑地红能够形成红色与黑色如此强烈的对比、白地红能够在纯净的白色地子中有如此鲜艳的红色，至今没有发现其他玉种能够比拟。"

笔者、杨明星、牙韩彰、梁志和李庭华在状元红艺术馆大门口合影。

17. 饶平如（1922年—2020年4月4日）先生的作品《平如美棠——我俩的故事》2013年5月在广西师范大学出版社出版。老伴美棠去世后，他依靠回忆手绘18册画作，真挚再现妻子的一生和生活中的温馨细节。图书被翻译成多种文字，感动世界，被奉为"爱情圣经"。2014年4月底，平如老人到访状元红艺术馆，非常喜欢鸡血玉，并题写多幅书法作品祝福。

饶平如先生到访状元红艺术馆并题词。

饶平如先生题词。

18. 2014年7月7日，净耀法师一行参访广西师范大学出版社集团及状元红艺术馆。法师1982年出家，2013年3月12日在佛光山接受星云大师传法后成为临济宗第49代法子，2018年9月高票当选台湾地区"中国佛教会"第十九届理事长。法师看到世界上第一部用鸡血玉篆刻的《心经》之后，非常欣赏。他谈道："以玉雕佛、以玉传佛，传统悠久。期待大家以玉之德，传佛之慈。"

台湾净耀法师参观状元红艺术馆。

19. 杨利伟，少将，特级航天员。2003年10月15日北京时间9时，他乘由长征二号F火箭运载的神舟五号飞船进入太空，成为第一个进入太空的中国人。2014年7月14日，杨利伟参观观石堂鸡血玉博物馆，对鸡血玉大加赞赏。

观石堂博物馆李四生董事长陪同杨利伟先生参观。

20. 2015年4月26日下午，经济学家张维迎教授参观状元红艺术馆。写文章难，发表更难，被引用难乎其难。据《中国社会科学院引文索引》统计，张维迎教授的论文被引用率（社科类）曾经连续多年名列全国第一。张教授认真地听取关于鸡血玉的介绍，不时发出由衷的赞叹。他的提问有明显的经济研究倾向：鸡血玉储量如何？价格如何？批发市场的商店有多少家？

经济学家张维迎教授参观状元红艺术馆。

21. 2015年11月21日上午，中国文联副主席、中国音协副主席徐沛东先生莅临状元红艺术馆参观，他对着鸡血玉的黄瓜雕件，看着妙不可言的俏色，直接呼喊："这是国宝、这是国宝啊！"最后，徐沛东先生为广西师范大学出版社题词：通真达灵；为状元红艺术馆题词：君子如玉。

中国文联副主席、中国音协副主席徐沛东先生为状元红艺术馆题词。

22. 状元红艺术馆致力于让古今中外的玉石文化进入鸡血玉收藏者的心灵，致力于让外界的朋友了解鸡血玉，为此建立了一个400多人的微信群。从2016年上学期开始，晚上九点前后在群里语音分享相关知识，每周不少于三次，一直坚持到2020年寒假，凡四年半！讲课的核心团队，一直是何雪梅老师直接指导的中国地质大学（北京）珠宝学院研究生群体。何雪梅老师在繁重的教学之余悉心指导，研究生们在繁重的学习之余精心准备。每次语音分享，讲课的老师总是结合大量的精美图片进行讲解。讲课之后，遇到提问，也都耐心给予解答。有的研究生毕业了，又换新人。照片里只有部分上课老师，但是，我们向以何雪梅老师为首的所有为状元红艺术馆赏玉群上课的老师们致以崇高的敬意！

何雪梅带领学生到鸡血玉矿区考察。左起依次为：周祖为、蒙世亮、何雪梅、鲁智云、贾依蔓。

23. 2016年2月25日，全国珠宝玉石首饰行业协（商）会秘书长联席会议在桂林桂湖饭店隆重召开。中宝协会长徐德明、桂林市委书记赵乐秦，以及来自全国七十余家珠宝首饰行业协（商）会的会长、秘书长及企业代表150多人出席了会议。桂林市委书记赵乐秦、中宝协常务副会长孙凤民、中宝协副会长史洪岳、桂林鸡血玉协会原会长唐正安、深圳市黄金珠宝首饰行业协会秘书长郭晓飞、福建省宝玉石协会会长王乃珠、上海宝玉石行业协会会长陈久、上海黄金饰品行业协会秘书长许文军、平洲珠宝玉器商会会长梁晃林等先后发言。中宝协徐德明会长做了总结发言，他说：鸡血玉的出现，既丰富了玉石的品种，又带动一方百姓走上了富裕发展之路。

会议结束后，唐正安、李四生两位先生带领大家参观了观石堂鸡血玉博物馆，徐德明先生动情地赋诗："玉满天下，红玉最大；桂林红玉，享誉华夏！"

徐德明先生讲话。

孙凤民、唐正安先生在会场。

李四生、史洪岳、梁晃林等会议代表在现场。

24. 作为"美丽中国·2016丝绸之路旅游年"主题下的系列活动之一，桂林鸡血玉、丝绸之路风光图片展5月6日在大阪亚太艺术研究交流中心美术馆拉开帷幕。中国驻大阪总领馆临时代办孙忠宝、国家旅游局驻大阪办事处主任刘海生等为开幕式剪彩。中日各界人士约70人参加了活动。孙忠宝在致辞时说，像桂林一样美丽的山水、像鸡血玉一样珍贵的宝藏，中国还有很多，希望更多的日本民众到中国走一走，看一看。

嘉宾为大展开幕剪彩。右三为中国驻日本大阪领事馆代办孙宝忠先生，右二为中国旅游局驻大阪办事处刘海生主任，左三为日本大阪市经济战略观光部观光课长安井良，左二为鸡血玉藏家陈林。

25. 种子已经发芽，红玉正在苏醒
——《2017中国玉雕艺术委员会广西采风集 序》

2017年3月30日至4月2日，"相约龙胜·红玉之都——中国玉雕大师创作采风活动"先后在龙胜县及桂林城区两地举行，刘兰芳、罗杨、岳峰、孙建国等相关部门领导参加，郭石林、宋世义、刘忠荣、宋建国等53位大师参加，活动由中国民间文艺家协会主办，龙胜县委县政府、中国玉雕艺术委员会、中国文联民间艺术中心承办。

2017年12月4日至17日，中国文联广西玉雕艺术研修班开班典礼在桂林理工大学举行，岳峰、柳朝国、钱振峰、于雪涛、杨根连等大师亲临授课。活动由中国玉雕艺术委员会、桂林理工大学、龙胜县政府主办。上课之前，举行了桂林理工大学珠宝学院揭牌仪式。珠宝学院正式成立，标志着桂林鸡血玉从此有了学术研究的正规军。

两次活动，规模大，时间长，为近几年同类活动所罕见。

这些文艺界尤其是玉雕界如雷贯耳的名字，响彻桂林的上空。

这两次活动，一是让行业内的顶尖高手看到鸡血玉、认识鸡血玉。郭石林先生感叹："鸡血玉是大自然恩赐的妙品。"宋世义先生表示："我们应该责无旁贷地推广、推介鸡血玉。"刘忠荣先生说："鸡血玉前途无量！"宋建国大师说："鸡血玉有独到的颜色和纹理，有神秘的符号，我们要用时代的语言，要用几千年的积淀，做出鸡血玉的精品，我感到责任重大。"李东大师说："鸡血玉美丽的材质和画面给人以无限想象力，她是屈原笔下的太阳神、云中君，有如熊熊火焰，带着澎湃激情，展现着旺盛的生命力。"曹志涛大师抱着"鸡血王"惊叹："鸡血玉颠覆了我们以往认为只有中国北方才有好玉的看法，不是亲眼所见，难以置信在南疆有这么一种画面天然、内涵深刻的新玉种。"孙永先生甚至激动写出了精彩对联："山外山，田连

中国曲艺家协会名誉主席刘兰芳女士讲话。

龙胜各族自治县领导与刘兰芳女士合影。左起依次为：龙胜各族自治县副县长潘德辉、县人大常委副主任潘艳玫、县政协主席杨桂姬、刘兰芳、县委书记周卉、县长吴永合。

李祝成、郭石林、宋世义、宋建国 "四大天王武功照"。

刘忠荣自拍照。

田，龙胜美景美无边；三月三，族与族，鸡血红玉红天然。"

这些能够用艺术唤醒玉石的人，反过来被玉石激发了活力！

二是召开了两场论坛，大家为如何做好产品、做好行业，贡献了诸多智慧。第一场是4月1日下午在桂林漓江大瀑布饭店召开的"拥抱春天——2017桂林鸡血玉发展论坛"，笔者担任主持。 第二场是12月4日上午在桂林理工大学教八楼3楼会议室召开的"桂林理工大学珠宝学院成立暨玉石发展论坛"，由桂林理工大学副校长梁福沛教授主持。桂林论剑，高手妙招频出，共同谋划千亿元的产业格局。

三是大家亲自动手，创作了鸡血玉的作品。

孙建国会长安排状元红艺术馆负责桂林市内的活动统筹工作。这项工作得到大家的鼎力支持：鸡血玉泰斗唐正安先生在观石堂鸡血玉博物馆亲自为大家做讲解，桂林旅游股份公司免费提供了4月1日的会议场地，中国人民保险公司桂林公司为本次采风活动提供保险保障，广西工美协会、桂林鸡血玉协会、桂林鸡血玉行业商会等群众组织，动员充分，热情高涨。更为难得的是，秦立伟代表鸡血玉协会，顾国富代表状元红艺术馆，杨智镳、黄连聪、唐小森、李玉林等单位和个人慷慨解囊，令人敬佩。

中国文联广西玉雕艺术研修班开班典礼暨桂林理工大学珠宝学院揭牌仪式嘉宾合影。

部分活动人员漓江游船上合影。

26. 德国前总统武尔夫赞叹鸡血玉

2017年6月17日，"一带一路"中国品牌国际化论坛在上海国际会议中心举行。根据 人民网 2017年6月18日报道：

本次论坛上，德国第十任总统、全球中小企业联盟主席武尔夫和国务院参事室特约研究员姚景源分别就"一带一路"新经济形势下，中小企业该如何寻找机遇破局发展以及如何正确解读我国当前经济政策并指导企业发展做出了演讲。

此次论坛，来自不同行业的1000多名企业家积极与会，各种论坛精彩纷呈。

桂林鸡血玉行业的旗手之一、玉华天宝鸡血玉收藏馆馆长黄连聪先生，受大会组委会的委托，为德国前总统武尔夫准备了鸡血玉中的极品——大红袍平野料做礼品。武尔夫先生当即表示了感谢、欢喜和赞叹。桂林鸡血玉成为本次论坛让人津津乐道的精彩亮点。

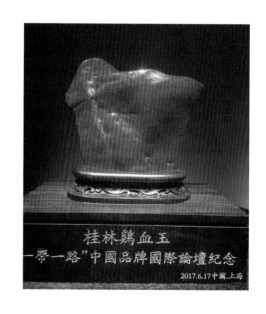

桂林玉华天宝鸡血玉收藏馆馆长黄连聪先生与德国前总统武尔夫先生合影留念。

27. 桂林鸡血玉　点亮苏州

2017年10月12日至13日，首届江苏省玉石文化节暨中国·苏州第九届玉石文化节、第七届中国玉石雕刻"陆子冈杯"精品展在苏州市会议中心隆重开幕。苏州市委副书记朱民、中宣部顾问刘吉以及各省市自治区领导、玉文化专家、玉雕大师等应邀出席。

一是主要的场馆背景均为蒋昌松先生鸡血玉组雕"复兴之路"作品图片放大、喷绘而成。二是专家评审团最终评出最高荣誉奖1件，即鸡血玉组雕"复兴之路"。获奖者均站在作品"复兴之路"的后面领奖。三是举办了以"喜迎十九大 共筑中国梦"为主题的玉雕艺术红色题材研讨会。时值十九大即将隆重召开之际，本次研讨会除了常规的代表外，还特别邀请了老一辈革命家后代参会，包括陈小鲁（陈毅之子）、粟惠宁（粟裕之女）夫妇、耿焱（耿飚之女）、邓运（邓子恢之子）等。他们缅怀先烈，看到红色主题玉雕作品《复兴之路》，数度热泪盈眶。大部分媒体，都在报道中有此语："对于《复兴之路》，陈小鲁给予了高度的赞扬与评价，肯定了此作品的材质工艺之美以及传承、弘扬红色文化的重大意义。"

笔者就红色文化和红玉的关系做了专题发言，力图打开大家对鸡血玉发展的想象空间。苏州市玉石文化行业协会会长陈健总结致辞表示：玉雕人肩负使命，将呼应时代、回报时代。

革命家后代与参会代表合影。右起依次为：刘灼、邓运、杨智镳、陈小鲁、蒋昌松、粟惠宁、耿焱、笔者。

参会评委合影。左起依次为：刘晓强、钱振峰、杨智镳、董献忠、陈健、赵朝洪、岳峰、吴跃申、殷志强、李维翰、吴元全、高毅进、王建军、刘灼。

28．阿兰·蓬皮杜（Alain Pompidou）是首位访华的西方国家元首——法国前总统乔治·蓬皮杜之子，拥有医学和生物工程双博士学位，现为巴黎第五大学医学教授、法国克洛德-蓬皮杜基金会理事。在广西师范大学出版社出版《双面蓬皮杜：1928—1974书信、笔记和照片》《艺术之爱：蓬皮杜夫妇的艺术生活》等。2017年10月26日，我校贺祖斌校长会见来访的阿兰·蓬皮杜先生，并赠送了刻名的鸡血玉印章。精通艺术的蓬皮杜先生大喜，之后几天用印不辍！

广西师范大学贺祖斌校长会见来访的阿兰·蓬皮杜先生，并赠送了刻名的鸡血玉印章。

29．人民网 北京2017年11月5日电（记者王霞光）11月4日，"桂林鸡血玉杯"2017—2018全国青少年攀岩联赛·桂林站，在桂林罗山湖水上乐园顺利开幕，共有来自全国28个省市的48支代表队的132名运动员和近100名领队、教练、家长参加比赛，多数运动员近两年在各类国家级和省级攀岩比赛中都获得过优异成绩，有不少各年龄段的全国冠军，比赛整体水平非常高。

中国奥委会副主席、中华全国体育基金会理事长吴齐，国家体育总局登山运动管理中心主任、中国登山协会主席李致新，广西壮族自治区体育局常务副局长谢强，桂林鸡血玉协会会长秦立伟等领导和嘉宾出席了开幕式。

本次比赛由国家体育总局登山运动管理中心、中国登山协会、广西壮族自治区体育局联合主办，桂林市体育局承办，桂林鸡血玉协会冠名赞助。（收录时有删节）

攀岩比赛开幕式嘉宾合影。左起依次为：秦立伟、吴齐、唐小森。

30．2018年2月1日起，由原国土资源部珠宝玉石首饰管理中心（国家珠宝玉石质量监督检验中心，英文简称NGTC）提出并牵头起草的《石英质玉 分类与定名》国家标准正式实施！桂林鸡血玉从此进入了国家标准。

桂林鸡血玉从没有标准，到出台地方标准，到进入国家标准，很多人付出了艰辛的努力。这里，难以一一表述，仅撷取几个瞬间，向所有付出努力的人，表示敬意！

2017年4月8日，国土资源部、国家标准委派出了以国家标准委副主任殷汉明先生为组长的调研组一行抵达桂林。他们到龙胜各大矿区及主要鸡血玉的售卖点进行考察。桂林市委常委、副市长邓志勇陪同调研。图为调研组到净瓶山桥鸡血玉市场黄连聪先生的玉华天宝鸡血玉收藏馆调研。右起依次为：秦连发、陆东农、邓志勇、文波、殷明汉、黄连聪、柯捷、苏彩和、秦立伟。

2014年9月28日，广西壮族自治区质量技术监督局在桂林市大公馆酒店召开新闻发布会，时任桂林市副市长的董乐群女士到会。大会发布桂林鸡血玉的地方标准DB45T1076-2014，并宣布该标准将于2014年10月10日起正式实施。

2016年5月6日，中国宝玉石协会于当日下午在上海世博馆5号会议室召开《石英质玉 分类与定名》国家标准研讨会。桂林鸡血玉泰斗唐正安先生、广西珠宝玉石检测中心主任总工陆东农出席。唐正安先生第一个发言，如同定海神针。图为唐正安先生与全国珠宝玉石标准化委员会秘书长柯捷女士在会议间隙合影。

2016年6月23日，国土资源部珠宝玉石首饰管理中心北京珠宝研究所所长陈华女士，中国宝玉石协会副秘书长、《中国宝石》杂志总编孙莉女士一行抵达桂林，深入鸡血玉矿区及交易市场，就桂林鸡血玉进入国家标准进行实地考察、调研。图为陈华女士、孙莉女士到访状元红艺术馆并与相关负责人进行深入细致的交流。右起依次为：陈华、笔者、孙莉、顾国富。

31. 桂林鸡血玉成为"2019年中国—东盟博览会旅游展"指定礼品

2019年10月19日上午，2019中国—东盟博览会旅游展组委会在桂林市国际会展中心国际会议厅举行了隆重的授牌仪式。由国务院新闻办公室领导的"中国网"在报道时写道：

桂林市政协副主席汤桂荔受展会组委会委托，向鸡血玉协会授予"2019中国—东盟博览会旅游展指定礼品桂林鸡血玉"的牌匾。市县领导及市县有关部门领导向到会的东盟10国有关部门和驻华领事馆赠送了用桂林鸡血玉制作的本次旅游展的启幕用章。

会议由桂林鸡血玉协会秦立伟会长主持。东盟各国驻华总领馆贵宾代表以及参加本次旅游展的国内外人士300余人参加会议。

据悉，中国—东盟博览会旅游展由国家文化和旅游部、广西壮族自治区人民政府共同主办。此次在桂林举办的2019中国—东盟博览会旅游展共有71个境外国家和地区组团参展参会，其中东盟10国全部参展。此次旅游展的贵宾礼品，由桂林鸡血玉协会提供，协会常务副会长黄连聪、秦志强具体操办。礼品大气精美，广受赞扬。

2019中国—东盟博览会旅游展指定礼品纪念印章。八个字是：红玉天成 丝路传情。

2019中国—东盟博览会旅游展指定礼品：鸡血玉纪念印章。

桂林市政协副主席汤桂荔为秦立伟会长授牌。

32 . 钟振振先生是南京师范大学博士生导师、古文献整理研究所所长，兼任国家留学基金委"外国学者中华文化研究奖学金"指导教授，中国韵文学会会长，中央电视台"诗词大会"总顾问等。

2014年4月，先生曾经应邀到桂林讲学，首次接触鸡血玉，大为赞叹。2020年12月下旬故地重游，在我们的恳请之下，先生为鸡血玉赋诗并亲自书写。

钟振振先生题诗鸡血玉。

33 . 王蒙先生，作家、学者，原文化部部长。20世纪50年代，毛泽东主席曾经夸奖其"有文采"；20世纪80年代，时任中央政治局委员、书记处书记的习仲勋先生找他谈话让他出任文化部部长；2019年9月17日，国家主席习近平签署主席令，授予王蒙"人民艺术家"国家荣誉称号。

2021年4月23日，王蒙先

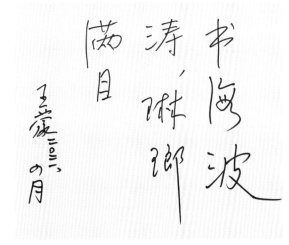

王蒙先生题字。

广西师范大学赵铁副书记陪同王蒙先生及夫人参观出版社。右起依次为：黄轩庄、单三娅、王蒙、赵铁、笔者。

广西师范大学出版社刘景琳副总编辑（左一）陪同王蒙先生参观状元红艺术馆。

生到访广西师范大学出版社和状元红艺术馆。在出版社陈列室，笔者分享了一个小故事：广西师范大学出版社和哈佛燕京图书馆有很多合作，哈佛燕京图书馆馆长邓炯文先生曾经说，哈佛燕京在中国的出版社，就是广西师范大学出版社。我们不敢接话。后来，郑先生接受电视采访时非常认真地确认了，我们也就惶恐并高兴地引用。

参观之后，王蒙先生和我们说："哈佛大学出版社我去过。你们出版社的很多地方比哈佛大学出版社优秀。最起码哈佛大学出版社就没有这么美轮美奂的玉石艺术馆。"

34. 桂林有两位壮年的篆刻家，一位是李润岩，一位是王梦石。双峰并峙，各逞风流。

李润岩先生的篆刻，每字必有来处，每字必有新得，精劲可人。他曾经为王蒙、北岛、韩少功、范景中等文化大家治印。世界冠军陈一冰拿到李润岩先生篆刻的印章，欢喜非常，称赞不已。

王梦石先生曾为杨伯达、曹文轩、岳峰、白描等文化大家治印。杨伯达先生看到梦石给自己夫人篆刻的印章，迫不及待地催梦石尽快给他篆刻一枚，高兴得像一个小孩。

他们两个人的印谱拼接起来，就是当今中国文化的星光谱。

王梦石为曹文轩篆刻的印章。

左起：王梦石、杨伯达、笔者。

李润岩为王蒙篆刻的印章。

左起：李润岩、陈一冰。

35. 2021年5月12日，中国国际政治学家、著名美国问题学者王缉思教授到访状元红艺术馆。王先生曾经担任北京大学国际关系学院院长。美不胜收的鸡血玉得到王教授的赞美。笔者在向王教授介绍鸡血玉的同时，也向王教授请教中美关系，说中国人很早就熟悉、接受西方的金文化，而西方人至今并不熟悉、不了解中国的玉文化，这大约是中美矛盾的重要原因。王教授认为这一视角很独特。

笔者向王缉思教授介绍鸡血玉。

36. 2021年5月14—16日，中国职业技术教育学会珠宝专业委员会会长、《中国大百科全书·玉文化卷》主编朱勤文教授一行到桂林调研鸡血玉行业发展状况。朱勤文教授是宝玉石行业一流专家，曾任中国地质大学（武汉）珠宝学院院长、中国地质大学党委副书记等职。他们调研了桂林理工大学珠宝学院、桂林旅游学院珠宝专业，参观了广西状元红艺术馆，并和笔者探讨了鸡血玉条目进入《中国大百科全书》第三版玉文化卷、鸡血玉视频进入90多所会员学校等相关事宜。桂林鸡血玉协会唐文生会长、赵虹秘书长在观石堂鸡血玉博物馆会见了朱勤文教授一行，介绍了桂林鸡血玉的现状，并一起畅谈了鸡血玉的美好未来。

朱勤文教授（左四）一行到桂林观石堂鸡血玉博物馆参观，桂林鸡血玉协会唐文生会长（右三）、赵虹秘书长（右一）陪同。

37.2011年底开始，笔者受命筹备建立状元红艺术馆，开始了解鸡血玉、了解红玉文化。突然有三个发现：一是原来的知识很不够用了：原来关注的是文字、文章，而中国文字的历史也就3500年，而玉文化已经在一万年上下；原来关注的是有名有姓的人，尤其是文学方面的人；而玉器考古实物更多指向无名无姓的人，指向一种文明：农业文明。农业文明主要通过看天把握季节，"君子终日乾乾，夕惕若厉"，讲的是观察天象需要用功勤奋。时间、空间、学科门类都被打开了。二是当时鸡血玉的产区龙胜是国家级贫困县，脱贫是任务艰巨但意义重大的事情，推动鸡血玉发展可以成为脱贫的重要抓手。三是尚红尚玉的文化，不但肇资远古，而且将开启未来：互联网的技术和不变的汉字，将在更大范围、以更快速度传播红玉文化。

笔者曾在广西艺术学院、桂林航天工业学院、陕西国际商贸学院等学校做讲座，也曾经一个学期48节课，利用夜晚和周末在桂林理工大学珠宝学院兼职上课。2018年初，应中国地质大学（北京）珠宝学院的邀请去做交流，学院给了一张证书，鼓励笔者继续加油。

因为知之甚少，所以学习的热情和交流的欲望就很高。笔者交流汇报的地方，有党政部门，有企业，有各种大型活动现场。在书店、在学校讲座更是经常。这里撷取两张图片，意图有三：一是表达希望继续有机会就红玉文化进行交流，以得到大家指教；二是期望能够在共同富裕的路上，着实为龙胜人民出一把力；三是学海无边，期望通过探究红玉文化，感受能量，为弘扬我们优秀的文化奉献一些微薄的力量！

张广文先生，故宫博物院研究员，国家文物鉴定委员会委员。原故宫博物院古器物工艺组长。有《玉器史话》《古玉鉴定》《故宫博物院文物珍品全集·玉器》等著作多部。2016年5月23日张广文先生到桂林考察时，笔者出差在外，张道华、卓艺等鸡血玉经营者出于对笔者的鼓励，向张先生介绍了笔者。先生翻看了笔者的书文，写下此语。直到今天，还没有见过张广文先生，亦未有半字联系。默默感恩鼓励，心中惶恐，害怕愧对。

后 记

　　鸡血玉的路还在起点，需要具体标准，需要推广平台。即使是已经走了很远的其他玉石，也还在低点。中国东海天然水晶卖不过人造水晶施华洛世奇，何以至此？我们缺少设计、缺少创新。

　　玉石文化，需要、期待更多人努力，更多人互动。

　　感谢出现在书中的诸位，感谢各位艺术创作者与鸡血玉藏家，感谢帮助成书的幕后众人，你们就是传播玉德福音的菩萨；感谢郑军健先生。郑先生对玉德的推崇和对玉文化的欣赏，助推了鸡血玉成为国礼。其书法作品寓庄严于变化之中，落笔之处，有万物生发之感。题写书名"国礼鸡血玉"，蓬荜生辉。

　　因为鸡血玉，我的生活多开了一扇门。这扇门通过快乐、通往幸福、通向庄严。

2014年3月初于五台山下

再版后记

　　重印成书，发现还是留下了不少遗憾：一是很多应该选入的鸡血玉因为书的容量有限而未被选入。二是很多应该记载的事件、人物同样因为书的容量的原因没有被纳入。三是本书中收录的相关产品、作品的规格信息难以做到精准。因为有的作品已经流转多次，至今不知在谁的手里，而原来又没有记下其规格。书中有小部分作品的规格是根据玉雕师或者曾经的藏家的记忆推演的。

　　遗憾远远不止三点。

　　本书能够最终修订重印，得到了很多人的帮助。我只有在今后尽力持续钻研、推广鸡血玉文化以为报答。

　　不少朋友疑惑，为什么很难看到这么好的东西？一方面，好东西确实不易找。另一方面，"世之奇伟、瑰怪、非常之观，常在于险远"，现代生活节奏快，大家不一定有时间做细致的调查。当下的"险远"，更多是指花费时间和精力之冒险和远求。

　　亿万年之中，我不过是昙花一现；大千世界之中，我不过是尘埃一颗。有幸遇到鸡血玉，我想把我看到的美，体会到的感动，分享给大家，并以此感谢、致敬这个美好的世界。

2021年9月